U0645532

AI

Ps

DeepSeek
助力图形图像处理

AI绘图 · 修复合成 · 视频生成 · Photoshop协同

全彩微课版　易熙琼 袁勇 陈炯然 ◎ 编著

清华大学出版社

北 京

内 容 简 介

本书全面且系统地阐释了DeepSeek在图形图像生成与优化范畴的多元应用，内容覆盖理论基础、工具实操、技术手段与行业实战。本书理论与实战相结合，助力读者从零基础起步，逐步精通AI图像生成与优化的核心技艺。

全书共8章，依次对AIGC基础知识、DeepSeek基础操作、图形图像原理、文生图、图生图、AI修复与增强，以及传统工具与AI协同后期处理等内容进行了讲解，在介绍理论的同时辅以案例实操，使读者更好地理解和应用所学理论。最后一章列举了多个高频需求场景案例，为读者呈现一套完整且可借鉴的实践方案，助力读者将前面所学的知识点融会贯通，切实提升解决实际问题的能力，真正实现从理论认知到实践应用的跨越。

无论是图形图像领域的新手，还是渴望技术进阶的专业人士，皆能从本书中汲取养分，洞悉DeepSeek及相关工具在图形图像生成与优化中的应用要诀，大幅提升创作与处理能力。

图书在版编目（CIP）数据

DeepSeek助力图形图像处理AI绘图、修复合成、视频生成、Photoshop协同：全彩微课版 / 易熙琼，袁勇，陈炯然编著. -- 北京：清华大学出版社，2025.8. -- (清华电脑学堂). -- ISBN 978-7-302-70112-5

Ⅰ. TP391.413

中国国家版本馆CIP数据核字第20251LG702号

责任编辑：袁金敏
封面设计：阿南若
责任校对：徐俊伟
责任印制：刘　菲

出版发行：清华大学出版社
　　　　网　　　址：https://www.tup.com.cn，https://www.wqxuetang.com
　　　　地　　　址：北京清华大学学研大厦A座　　　　邮　　编：100084
　　　　社 总 机：010-83470000　　　　　　　　　　邮　　购：010-62786544
　　　　投稿与读者服务：010-62776969，c-service@tup.tsinghua.edu.cn
　　　　质 量 反 馈：010-62772015，zhiliang@tup.tsinghua.edu.cn
　　　　课 件 下 载：https://www.tup.com.cn，010-83470236
印 装 者：北京博海升彩色印刷有限公司
经　　销：全国新华书店
开　　本：185mm×260mm　　　印　张：13　　　字　数：328千字
版　　次：2025年9月第1版　　　　　　　　　　印　次：2025年9月第1次印刷
定　　价：69.80元

产品编号：113003-01

前 言

首先，感谢您选择并阅读本书。

在人工智能技术飞速发展的今天，AIGC（生成式人工智能）正在重塑图形图像创作的边界与可能。DeepSeek作为国内领先的AI创作平台，其强大的图像生成与处理能力正在为数字内容创作带来革命性的变革。本书正是基于这一时代背景应运而生，旨在为读者提供一条系统掌握AI图形图像技术的专业路径。

全书内容架构科学合理，遵循循序渐进的原则：第1～3章奠定理论基础与工具认知；第4～7章深入技术细节，涵盖从生成到优化的全流程；第8章通过真实案例，展示技术如何解决实际问题。在案例选择上精选了电商、广告、游戏等领域的典型应用场景，生动展示该项技术在实际问题解决中的强大效能。

无论是刚刚进入AI创作领域的新人，还是寻求技术突破的专业人士，本书都能为您提供有价值的参考。AI时代已经到来，掌握这些前沿技术将为您在数字内容创作领域赢得先机。

本书特色

● **理论+实操，实用性强**。本书为软件操作中的主要的知识点配备相关的实操案例，可操作性强，使读者能够学以致用。

● **结构合理，全程图解**。采用全程图解的方式，让读者能够了解每一步的具体操作。

● **智能辅助，设计无忧**。本书配图和部分案例素材均为AIGC平台生成，其高效性极大地缩短了设计周期，能够更快地将创意转化为现实。

内容概述

本书共8章，各章内容见表1。

表1

章序	内容导读	难度指数
第1章	主要介绍AIGC与多模态生成，包括人工智能与AIGC的基础概念、AIGC的多种模态以及常用的AIGC工具	★★☆
第2章	主要介绍DeepSeek操作，包括基础知识、网页版与移动端操作指南、场景的提问风格以及提示词的基础技巧	★★★
第3章	主要介绍图形图像相关知识，包括色彩的理论知识、构图与视觉设计、图像类型以及文件的常见格式	★★★

（续表）

章序	内容导读	难度指数
第4章	主要介绍提示词与图像生成，包括文生图基础知识、提示词的结构与技巧、文生图的风格词典、DeepSeek赋能文生图操作以及图像分析与反向生成	★★★
第5章	主要介绍图生图的重构与衍生，包括基础知识、风格迁移、图像扩展、局部编辑、图像生成控制以及AI图像生成视频	★★★
第6章	主要介绍图像的AI智能优化，包括图像修复与增强的基础知识、常见的图像修复任务以及常见的图像增强任务	★★★
第7章	主要介绍利用传统工具对AI图像进行后期处理，包括图像的尺寸调整、图像的抠取、图像的瑕疵修复、图像的光影处理、蒙版合成、滤镜特效以及图像的矢量化编辑与优化	★★☆
第8章	主要介绍DeepSeek+行业应用案例详解，包括插画绘制、平面广告、包装设计、标志设计、游戏设计、图像修复、人像处理、电商设计、智能滤镜以及视频制作	★★☆

　　本书的配套素材和教学课件可扫描下面的二维码获取。如果在下载过程中遇到问题，请联系袁老师，邮箱：yuanjm@tup.tsinghua.edu.cn。书中重要的知识点和关键操作均配备高清视频，读者可扫描书中二维码边看边学。

　　本书编写过程中，作者虽然力求严谨细致，但由于时间与精力有限，书中疏漏之处在所难免。如果读者在阅读过程中有任何疑问，请扫描下面的技术支持二维码，联系相关技术人员解决。教师在教学过程中有任何疑问，请扫描下面的教学支持二维码，联系相关技术人员解决。

配套素材　　　　教学课件　　　　技术支持　　　　教学支持

编　者
2025年8月

目 录

第7章

后期处理：传统工具与AI协同

第8章

场景实战：DeepSeek+行业应用案例详解

手把手教你把 AI 工具变成"超级外挂"

更多学习视频，扫码即看

附赠学习视频，涵盖图像生成、AI音乐编创、短视频创作、代码生成等。突破创作瓶颈，开启智能创作新时代。

❶ 使用AI工具撰写会议邀请函	❷ 自动生成个性化简历	❸ 一键生成高品质PPT	❹ 使用AI工具执行数据清洗
❺ 使用智谱清言制作表格	❻ 图生图	❼ 图像转换	❽ 用豆包生成室内效果图
❾ 图像的抠取与合成	❿ 快速消除图像中的人物	⓫ 利用天工AI生成民谣歌曲	⓬ 为古诗诵读音频制作背景音乐
⓭ 用海绵音乐生成年会开场乐	⓮ 使用AI工具创作音乐	⓯ 剪映AI特效的应用	⓰ 剪映AI玩法智能扩图
⓱ 即梦AI图片生视频	⓲ 根据配音自动对口型	⓳ 制作变身视频	⓴ 通过创意描述塑造神话角色
㉑ 代码检测与修复	㉒ 网页图像悬停切换	㉓ Python版计时器	㉔ 质量单位换算程序

第1章

认知基础：
AIGC 与多模态生成

本章将从人工智能基础概念切入，先了解其定义、分类与发展历程，梳理从人工智能到AIGC的演进脉络，再深入探究AIGC的多种模态。最后对DeepSeek、文心一言等常用AIGC工具进行介绍。通过本章内容的学习，读者将全面了解AIGC与多模态生成相关知识，熟练掌握AIGC多模态生成的理论知识，为在不同领域应用人工智能技术奠定坚实基础。

1.1　AI与AIGC基础概念

在数字技术飞速发展的当下，人工智能（AI）与人工智能生成内容（AIGC）成为推动各行业变革的核心力量。AI通过模拟人类认知重构生产力边界，AIGC作为其前沿应用形态，则突破传统创作范式，引领人机协同创作新范式。

1.1.1　什么是人工智能

人工智能（Artificial Intelligence，AI）是研究、开发用于模拟、延伸和扩展人类的智能的理论、方法、技术及应用系统的一门新的技术科学。其核心目标是通过计算机系统实现类人的感知、认知、决策和创造能力。从技术本质来看，人工智能系统通过算法模型处理海量数据，模拟人类的思维方式和行为模式，包括但不限于以下几方面。

1．感知智能

计算机视觉和语音识别是感知智能的典型代表。计算机视觉系统通过深度学习算法识别图像特征，在安防监控、医疗影像诊断等领域发挥重要作用。语音识别技术则实现了人机语音交互，广泛应用于智能家居（图1-1）、车载系统等场景。

2．认知智能

自然语言处理和知识图谱技术推动了认知智能的发展。例如，智能客服系统借助语义理解技术，能够理解用户咨询的问题，并准确给出答案，解决用户在购物、业务办理等场景中的疑问，如图1-2所示；在金融领域，通过知识图谱整合企业股权关系、投资信息、经营数据等多维度知识，可进行复杂的逻辑推理，辅助银行等金融机构评估企业信用风险，做出更合理的贷款决策。

图 1-1

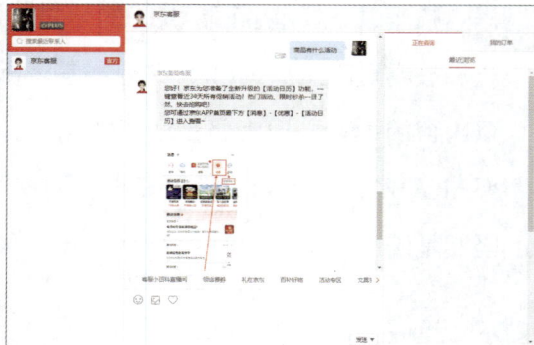

图 1-2

3．决策智能

强化学习和专家系统在决策智能领域扮演着至关重要的角色。强化学习算法凭借其独特的奖励机制，能够不断优化决策策略，在游戏AI、机器人控制等领域取得了令人瞩目的突破。专家系统则依托丰富的领域知识库，在医疗诊断、金融分析等专业领域为决策提供有力支持。

4．创造智能

生成式AI和设计自动化展现了人工智能的创造能力。例如，在通义万相中，用户只需输入文字描述，即可生成风格各异的精美画作或视频，如图1-3所示；在AIVA中，用户可以根据设定的音乐风格、节奏等要求，创作出完整的音乐作品，为艺术创作注入新的思路和灵感。

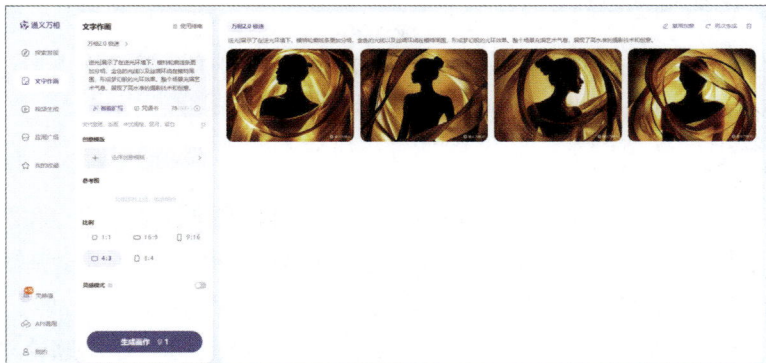

图 1-3

1.1.2　人工智能的分类

人工智能可以根据不同的标准进行分类，以下是几种主要的分类方式。

1．按能力水平分类

- **弱人工智能：**专注于完成特定任务，通过大量数据训练和特定算法实现高效运作。如语音识别、图像识别等领域的应用。
- **强人工智能：**追求具备人类般的通用智能，能理解、学习并适应各种复杂场景，不仅可以处理语言、图像等信息，还能进行创造性思考和情感交互。
- **超级人工智能：**在所有领域超越人类智能，目前仅存在于理论探讨中，可能带来重大机遇和挑战。

2．按技术方法分类

- **符号主义AI：**基于逻辑推理与符号操作，将知识表示为符号和逻辑规则，通过规则匹配和推理来解决问题，模拟人类抽象思维。
- **连接主义AI：**基于神经网络与分布式表示，模拟人脑神经元连接结构，通过大量数据训练调整神经元之间的连接权重。
- **行为主义AI：**基于"感知—行动"循环，通过试错学习适应环境，类似于动物条件反射。

3．按应用领域分类

- **计算机视觉：**赋予计算机感知和理解图像、视频内容的能力，这一能力使得计算机能够识别图像中的物体、场景、文字等信息，以及对视频中的动作、事件等进行理解和分析。
- **自然语言处理：**研究计算机与人类自然语言的交互，实现语言理解、生成和处理。如智能客服系统通过理解用户咨询的问题，自动回复解决方案，以提高服务效率。
- **机器人技术：**结合人工智能与机器人硬件，使机器人具备自主感知、决策和行动能力。如扫地机器人通过传感器感知环境，自主规划清扫路径。
- **推荐系统：**根据用户的历史行为、偏好和特征，预测用户可能感兴趣的内容或产品。如淘宝、京东等电商平台，通过分析用户的购物记录、浏览行为，为用户推荐个性化商品。

1.1.3 人工智能的发展历程

人工智能技术的发展历程可以划分为四个关键时期，每个时期都呈现出独特的技术特征和突破性进展。

1. 理论奠基期（1940—1950 年）

理论奠基期见证了人工智能的理论框架初步形成。神经科学家麦卡洛克和数学家皮茨合作构建了首个神经元数学模型（M-P模型），为后续神经网络研究奠定了数学基础。计算机科学先驱图灵则提出了具有划时代意义的"图灵测试"（1950年《计算机器与智能》），这一思想实验至今仍是评估机器智能的重要标准。虽然受限于当时的计算设备，这些理论成果未能立即转化为实际应用，但开创性地构建了人工智能研究的理论范式。此时我国处于建国初期，百废待兴，但也有一批科研人员开始关注计算机科学与智能理论，为后续的研究埋下了种子。

知识链接

图灵测试的流程

一名测试者写下自己的问题，随后将问题以纯文本的形式发送给另一个房间中的一个人与一台机器。测试者根据回答来判断哪一个是真人，哪一个是机器。所有参与测试的人或机器都会被分开。这项测试旨在探究机器能否模拟出与人类相似或无法区分的智能。

2. 规则系统主导期（1956—1970 年）

1956年达特茅斯会议的召开标志着人工智能正式成为独立学科。这一时期的研究主要采用符号主义方法，代表性成果如下。

（1）专家系统

斯坦福大学开发的MYCIN系统（1976年）能诊断血液传染病，准确率达69%，媲美专业医生水平。在国内，一些高校和科研机构开始尝试将人工智能理念应用于实际项目，虽处于起步阶段，但已开展了相关算法和规则的研究，为后续发展积累经验。

（2）游戏AI

IBM的西洋跳棋程序（1959年）首次战胜人类冠军。国内也有学者开始研究将类似的博弈算法应用于中国传统棋类游戏，如围棋、象棋等，探索计算机在棋类博弈中的智能表现。

（3）自然语言处理

ELIZA（1966年）实现了简单的心理咨询对话。国内的自然语言处理研究也逐步开启，开始探索中文语言特点与计算机处理的结合方式，为后续中文信息处理技术发展奠定基础。

这些系统基于明确的逻辑规则构建，在特定领域表现出色，但缺乏泛化能力。到20世纪70年代，由于计算能力限制和算法瓶颈，AI研究进入首个"寒冬"。国内同样面临科研资源紧张的问题，人工智能研究进展缓慢，但仍有部分科研人员坚守在相关领域，持续探索。

3. 机器学习时期（1980—2000 年）

经历低谷后，人工智能研究实现方法论转型。

（1）算法突破

1986年，反向传播算法的完善使多层神经网络训练成为可能，解决了神经网络中权值调整的难题，推动了连接主义AI的发展。国内科研人员紧跟国际步伐，积极研究神经网络算法，在一些高校和科研机构开展相关实验，探索算法在图像识别、语音处理等领域的应用。

（2）硬件进步

图形处理器（GPU）的引入，因其强大的并行计算能力，大幅提升了机器学习算法的训练速度。国内在计算机硬件领域不断努力，虽然在GPU等核心硬件研发上与国际先进水平存在差距，但在硬件应用和适配方面做了大量工作，为国内人工智能算法的运行提供了一定的硬件支持。

（3）理论进展

支持向量机（1995年）等统计学习方法在分类和回归问题上取得显著成效，成为机器学习领域的重要工具。国内学者在支持向量机等理论研究方面积极探索，发表了一系列相关学术成果，推动了国内机器学习理论的发展。

典型应用包括IBM深蓝（1997年击败国际象棋世界冠军加里·卡斯帕罗夫）和早期语音识别系统（准确率达80%）。国内在这一时期也取得了一些成果，如哈尔滨工业大学在中文语音识别和自然语言处理方面取得了重要进展，相关技术开始在一些行业试点应用。

4. 深度学习爆发期（2012年至今）

深度学习爆发期的主要特征表现如下。

（1）技术突破

2012年，AlexNet在ImageNet竞赛中凭借深度学习架构，将图像分类错误率骤降至15.3%（传统方法为26.2%），标志着深度学习在计算机视觉领域的重大突破。国内企业和科研机构在深度学习领域迅速发力，如华为在人工智能芯片研发方面取得进展，推出了昇腾系列AI芯片，为深度学习提供强大算力支持。

（2）算力飞跃

专用AI芯片（如TPU）的出现，极大地提升了计算效率，使模型参数量能够突破千亿级别，支撑超大规模深度学习模型的训练。国内众多企业和科研机构积极投入AI芯片研发，除华为外，寒武纪等企业也推出了具有自主知识产权的AI芯片，推动国内算力水平不断提升。

（3）应用扩展

AlphaGo（2016年）击败围棋世界冠军李世石，展示了强化学习在复杂策略游戏中的强大能力；GPT-3（2020年）通过大规模预训练实现了卓越的自然语言生成能力；DALL-E（2021年）能够根据文本描述生成图像，实现跨模态内容生成。国内在自然语言处理和生成领域也有出色表现，如百度的文心一言在知识图谱构建、语言理解与生成方面取得重要成果，广泛应用于智能搜索、智能写作等场景。

（4）产业融合

据麦肯锡数据，AI技术渗透率从2015年的10%增长至2023年的65%，广泛应用于医疗、金融、交通等领域。国内积极推动人工智能与各产业融合发展，在交通领域，智能交通系统利用人工智能实现交通流量优化、自动驾驶技术试点应用等。

这一阶段的发展得益于大数据、算法创新和计算力提升的"三重奏"，使人工智能从实验室走向规模化应用。国内大模型企业在全球人工智能发展浪潮中扮演着越来越重要的角色，在技术创新、产业应用等方面取得了令人瞩目的成绩。

1.1.4 AIGC的概念与特点

AIGC（AI-Generated Content，人工智能生成内容）是指利用人工智能技术自动或半自动地生成文本、图像、音频、视频、代码等内容的技术。其核心在于通过生成式AI模型学习海量数据中的模式，并基于用户输入创造新的原创内容。AIGC的核心特点如下。

1. 高度自动化

AIGC能够根据用户输入的简单指令，如提示词、草图或语音命令自动生成完整内容，大幅降低创作门槛，减少人工干预。这种自动化特性不仅大幅降低了创作门槛，更使得非专业人士也能快速获得符合需求的内容产出。

2. 多模态生成能力

支持文本、图像、音频、视频、3D模型、代码等多种内容形式的生成，并能实现跨模态转换，例如文生图、图生视频、语音转文字等。这种多模态交互能力为内容创作开辟了全新的可能性。

3. 数据驱动与模式学习

AIGC依赖海量数据进行训练，通过深度学习算法挖掘数据中的潜在模式与规律。例如在语言模型中，通过学习大量文本，模型能够理解上下文语义，生成连贯、合理的句子。

4. 可定制化与可控性

用户可通过调整参数、添加特定约束条件等方式，对AIGC生成的内容进行精细控制。在文本创作中，能指定文章的风格、字数、主题侧重点。这种可定制化与可控性，让生成的内容精准契合用户需求，既满足创意表达，又符合实际应用场景。

5. 高效率与低成本

相较于传统人工创作，AIGC在内容生产效率上具有显著优势。人工完成一篇深度分析文章可能需要数天时间，而AIGC仅需几分钟就能输出初稿。同时，AIGC无须支付高额的人力成本，也减少了因反复修改带来的时间和经济损耗，以较低成本实现大规模、高质量的内容产出。

6. 持续进化能力

AIGC技术处于不断发展与迭代中，随着数据量的持续增加、算法的优化改进，AI模型的能力会不断提升。例如，早期的图像生成模型可能生成的画面存在细节模糊、逻辑错误等问题，经过持续训练和算法升级后，如今的模型已能产出逼真、细节丰富的图像，且应用场景不断拓展。

7. 伦理与版权挑战

AIGC的广泛应用带来诸多伦理与版权问题。在伦理层面，生成的虚假信息可能误导公众，深度伪造技术用于恶意用途会威胁个人隐私和社会安全；在版权方面，由于AIGC生成内容的创作者界定模糊，难以明确版权归属，且训练数据可能存在未经授权使用的情况，侵犯原作者权益。这些挑战亟待建立完善的法律法规和行业规范来应对。

1.1.5 从人工智能到AIGC

人工智能的发展经历了从规则驱动到数据驱动、从专用智能到通用智能的演进过程，AIGC的兴起则标志着AI技术从"感知与决策"向"创造与生成"的跨越。AIGC的兴起带来了多方面的深刻影响。

1．拓宽应用边界

在应用边界方面，AIGC正在突破传统人工智能的技术局限，将AI能力拓展至创意设计、教育服务、商业应用和科学研究等更广泛的领域。例如某广告公司用AIGC生成100套海报方案，设计师选择优化，项目周期从两周变为3天。

2．变革内容生产模式

AIGC技术将传统以天为单位的制作周期压缩至小时甚至分钟级别，专业内容创作的成本门槛被大幅降低。以某视频制作平台为例，采用AI生成技术后，短视频制作的单位时间成本降低了70%，同时人机协同的新型创作模式逐渐成为行业主流，催生出更具交互性、动态化和个性化的内容形态。

3．重塑人机交互体验

传统的指令式操作逐渐被自然语言对话所取代，用户可以通过实时交互和动态调整来优化生成结果。某知名设计软件引入AI辅助功能后，用户参与度提升了40%，交互体验也从单一的视觉操作扩展到语音、手势等多模态融合的沉浸式体验。

4．影响社会文化发展

在社会文化层面，AIGC的影响正在逐步显现。以艺术创作为例，某数字艺术工作室借助AIGC工具输入创作主题和风格偏好后，系统可快速生成200～300幅创意草图，创作效率提升10倍以上。同时，这种技术革新也带来了关于艺术原创性和版权归属的新讨论。

1.2 AIGC的模态与工具

AIGC技术根据内容形式的不同，可分为文本、图像、音频、视频等多种模态，各类模态既独立发展又相互融合，共同构成了AIGC的完整技术生态。

1.2.1 文本模态

文本生成是AIGC最成熟的应用领域之一。基于大语言模型的文本生成工具能够创作各类文本内容，包括新闻报道、营销文案、诗歌小说、技术文档等，典型代表如DeepSeek、文心一言、讯飞星火等。这些工具通过分析海量文本数据，学习语言规律和写作风格，能够根据用户提示生成连贯、有逻辑的文本内容。在专业领域，AI辅助写作已广泛应用于法律文书起草、学术论文写作等场景。

动手练 使用DeepSeek生成营销文案

下面利用DeepSeek生成营销文案，具体操作步骤如下。

步骤 01 打开DeepSeek，进入操作界面，输入以下提示词。

> 请为限定咖啡茉莉红茶拿铁生成一篇小红书营销文案，要求包含新品特点、限时优惠信息，并配以吸引人的标题和表情符号。

步骤 02 单击"发送"按钮↑，生成如下内容。

DeepSeek

✨【新品速递】一口沦陷！「茉莉红茶拿铁」温柔上市～花香–茶香+咖啡三重暴击💘

🌼 这杯「春日特调」也太会了！

☐ 前调：云南高山红茶 × 广西茉莉鲜花 → 现萃茶底

☐ 中调：明治牛乳打出绵密云朵奶泡☁

☐ 尾调：埃塞俄比亚咖啡液缓缓注入……

💡 喝法彩蛋：先抿奶盖→搅匀品茶香→最后感受咖啡回甘！

🎁 限时宠粉价（3月20日—3月27日）

🔥 尝鲜价 19.9元（原价28元）

✅ 买即赠「茉莉香氛书签」×1

✅ 晒图打卡再送「第二杯半价券」

⏰ 隐藏福利：每天前50名下单送联名玻璃吸管杯！

📷 拍照指南

① 逆光拍摄分层特写🎞。

② 杯贴「限定茉莉手绘款」超上镜。

③ 文案参考：被这杯拿铁预定了整个春天🌸#咖啡界的白月光 #一口香到天灵盖。

📍 指路：全国门店/小程序搜「茉莉拿铁」

👇 戳下方「立即预订」锁住福利（链接）

💬 互动有礼：留言你最爱的春日饮品，抽3人免单！

（配图建议：左滑查看9宫格→特写分层/阳光下的杯身/茉莉花+咖啡豆摆拍）

💟 小剧透：下周出同系列「茉莉dirty」……

（文案心机：用"剧透"制造持续关注点）

1.2.2 图像模态

图像生成是AIGC发展最为迅速的领域之一。基于扩散模型（Diffusion Model）和生成对抗网络（GAN）的图像生成工具能够创作各类视觉内容，包括写实照片、艺术插画、产品设计图等。典型代表如即梦AI、通义万相、画盟等。这些工具通过分析海量图像数据，学习视觉特征和艺术风格，能够根据文字描述生成高质量、富有创意的图像作品。在专业领域，AI图像生成已广泛应用于广告设计、游戏原画、电商视觉等场景。

动手练 使用通义万相生成艺术插画

下面使用通义万相生成艺术插画，具体操作步骤如下。

步骤01 打开通义万相，进入"文字作画"界面，在输入框中输入提示词。单击如图1-4所示的"智能扩写"按钮，系统自动进行扩写，随后根据需要使用扩写结果，系统自动填充至输入框中，如图1-5所示。

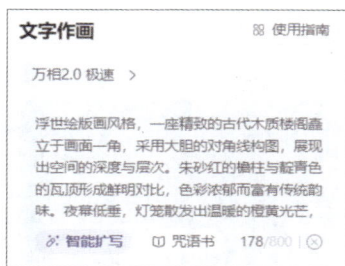

图 1-4　　　　　　　　　　图 1-5

步骤02 输入提示词后，设置图片比例为4：3，单击"生成画作"按钮。系统将根据描述自动生成创意图像，生成的图像效果如图1-6所示。

图 1-6

步骤03 单击任意一张生成的图像，即可查看详细效果，如图1-7所示。

图 1-7

1.2.3　音频模态

音频生成是AIGC技术的重要应用方向。基于神经网络的音频生成工具能够创作各类声音内容，包括语音合成、音乐创作、音效设计等。典型代表如讯飞智作、腾讯天琴、魔音工坊等。

这些工具通过分析海量音频数据，学习声学特征和音乐规律，能够根据文本输入生成自然流畅的语音或富有表现力的音乐作品。在专业领域，AI音频生成已广泛应用于有声读物、虚拟主播、影视配乐等场景。

动手练 使用魔音工坊生成睡前故事音频

下面使用魔音工坊生成睡前故事音频，具体操作步骤如下。

步骤 01 打开魔音工坊官网，进入"软件配音"界面，在文本输入框中输入故事内容，如图1-8所示。

图 1-8

步骤 02 展开配音选项，设置声音参数，如图1-9所示。

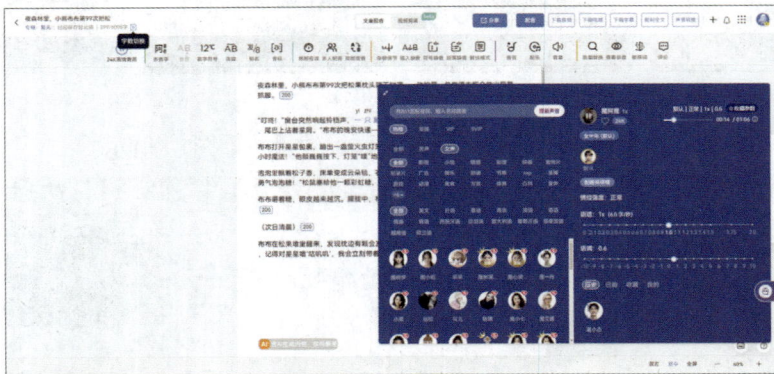

图 1-9

步骤 03 设置完成后收起，在左上角单击"配音"按钮后，继续单击"下载音频"按钮，可以在弹出的菜单中选择保存的音频格式，如图1-10所示。单击"确定"按钮保存至本地。

图 1-10

1.2.4 视频模态

视频生成是AIGC技术的前沿探索领域。基于多模态学习的视频生成工具能够创作各类动态视觉内容，包括短视频、动画、影视特效等。典型代表如剪映AI、可灵AI、腾讯智影等。这些工具通过分析海量视频数据，学习时空特征和叙事逻辑，能够根据文本或图像输入生成连贯流畅的视频内容。在专业领域，AI视频生成已广泛应用于社交媒体、广告营销、教育培训等场景。

动手练 使用可灵AI生成拟人化短视频

下面使用可灵AI生成拟人化短视频，具体操作步骤如下。

步骤 01 打开可灵AI，进入"视频生成"界面，在左侧的输入框中激活"DeepSeek-R1灵感版"功能，输入提示词："骑车送外卖的熊猫"，单击"发送"按钮，系统自动深度思考，根据深度思考生成以下提示词。

> 一只戴着黄色安全帽的熊猫骑着电动车，在霓虹闪烁的都市街道平稳骑行，外卖箱稳稳固定在车后座，高楼大厦的玻璃幕墙映着流动光影，近景镜头跟随，熊猫圆脸上带着专注神情，双爪紧握车把穿梭于车流中。

步骤 02 单击提示词后的"使用提示词"按钮，自动将内容填充至输入框内，如图1-11所示。

图 1-11

步骤 03 单击"立即生成"按钮，效果如图1-12～图1-14所示。

图 1-12   图 1-13   图 1-14

1.2.5 多模态融合

多模态融合是AIGC技术的未来发展方向。基于跨模态理解的多模态工具能够实现文本、图像、音频、视频等不同模态内容之间的相互转换和协同创作。典型代表如紫东太初、腾讯混元大模型等。这些工具通过分析多模态关联数据，学习跨模态表征和转换规律，能够根据单一模态输入生成丰富多样的多模态内容。在专业领域，多模态AIGC已广泛应用于数字人创作、元宇宙构建、沉浸式体验等创新场景。

动手练 使用即梦AI将图像生成视频

下面使用即梦AI生成拟人化短视频，具体操作步骤如下。

步骤 01 打开即梦AI，进入"图片生成"界面，在左上角的输入框中输入提示词："拟人化橘猫在做饭"。

步骤 02 输入提示词后，设置图片比例为16：9，单击"立即生成"按钮。系统将根据描述自动生成创意图像，生成的图像效果如图1-15所示。

图 1-15

步骤 03 单击任意一张生成的图像，即可查看详细效果，如图1-16所示。

图 1-16

步骤 04 单击右下角的"生成视频"按钮，跳转至"视频生成"界面，在输入框中输入提示词："猫咪继续翻炒食材"，单击"生成视频"按钮，效果如图1-17所示。

图 1-17

1.3 常用的AIGC工具

在不同的应用场景中，选择合适的AIGC工具至关重要。下面详细介绍几款国内主流的AIGC工具，包括它们的技术特点、核心功能以及典型应用场景。

1.3.1 DeepSeek

DeepSeek是一款具有强大功能的AIGC工具，图1-18所示为DeepSeek主界面。它基于先进的深度学习算法构建，在自然语言处理方面表现出色。它能够理解复杂的语义信息，根据用户输入的文本提示，生成高质量、连贯且符合逻辑的文本内容。无论是撰写文章、创作故事还是进行对话交互，DeepSeek都能提供精准且富有创意的输出，为内容创作和交流提供极大的便利。

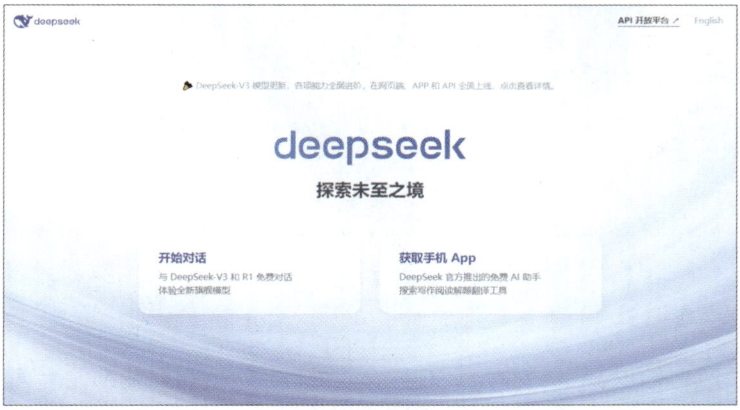

图 1-18

1.3.2 文心一言

文心一言作为百度推出的知识增强大语言模型，具备广泛的知识储备和强大的语言生成能力。它可以回答各种领域的问题，从科学知识到文化常识，从技术原理到生活常识，都能给出准确且详细的解答。同时，还能根据用户需求生成不同类型的文本，如诗歌、散文、新闻稿等，在内容创作、智能问答、知识科普等场景都有广泛应用。图1-19所示为文心一言主界面。

图 1-19

1.3.3　豆包

豆包是一款多功能的AIGC工具，图1-20所示为豆包主界面。它不仅在文本生成方面有出色表现，能够根据用户输入生成多样化的文本内容，如文案、脚本等；还在图像生成领域有一定建树，可以通过描述性的文本提示，生成与之匹配的图像，为创意设计、广告制作等行业提供新的创作手段。此外，豆包还具备良好的交互性，能够与用户进行自然流畅的对话，满足用户在信息获取和创作方面的多种需求。

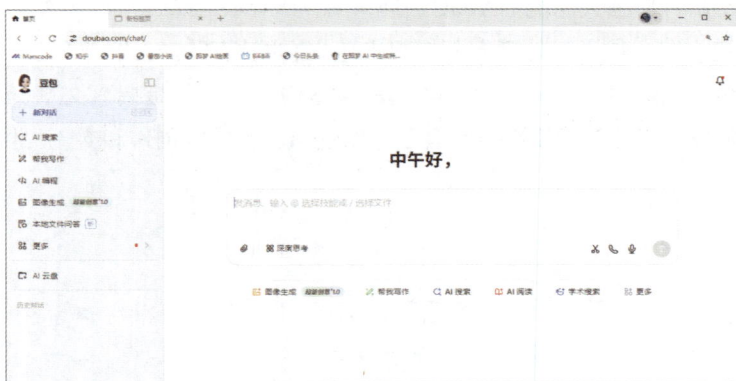

图 1-20

1.3.4　即梦AI

即梦AI专注于图像和视频相关的AIGC功能，图1-21所示为即梦AI主界面。在图像生成方面，它可以根据用户提供的文字描述或参考图像，生成具有独特风格和创意的图像作品，适用于艺术创作、设计灵感获取等场景。在视频生成上，即梦AI能够通过算法将静态图像转化为动态视频，或者根据文本描述直接生成视频内容，为视频制作、广告宣传等领域带来新的创作可能性。

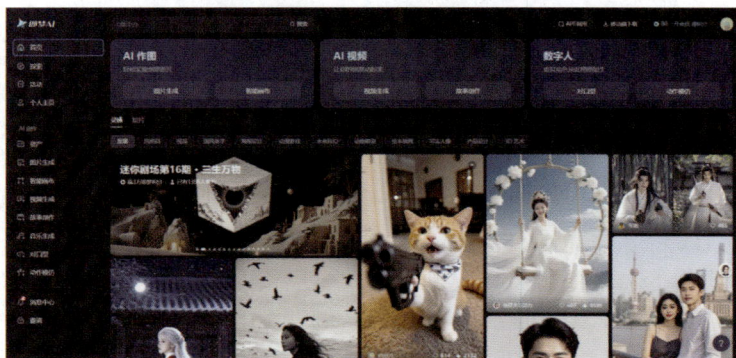

图 1-21

1.3.5　通义万相

通义万相是阿里云推出的一款AI绘画创作大模型，图1-22所示为通义万相主界面。在图像生成方面，它支持生成多种风格的图像。同时，它允许用户对生成的图像进行个性化调整，如指定图像的色彩搭配、构图方式、细节程度等参数，以满足不同的创作需求。此外，通义万相还具备智能补全与扩展图像的能力，当用户提供部分图像内容时，它可以根据已有的信息推测并补全缺失的部分，或者对图像进行扩展，增加新的元素和场景，为艺术创作和设计领域提供强大的支持。

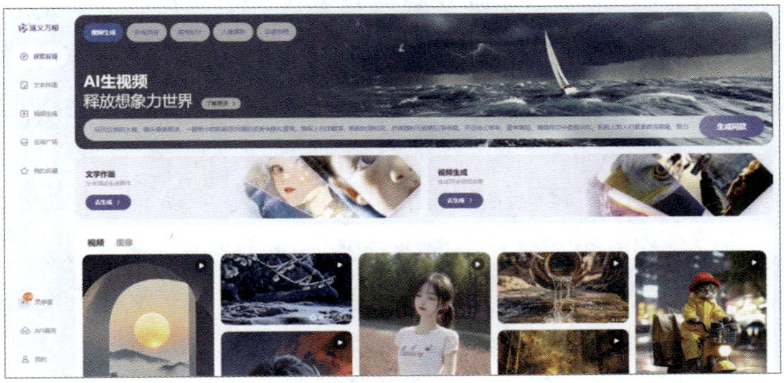

图 1-22

1.3.6　可灵AI

可灵AI是一款在AIGC领域具有创新性的工具，图1-23所示为可灵AI主界面。它在文本生成方面，能够快速理解用户意图，生成高质量、个性化的文本，适用于文案撰写、内容创作等。同时，可灵AI在图像和视频处理方面也有独特优势，可以对图像进行风格转换、增强等操作，对视频进行剪辑、特效添加等处理，为用户提供从内容生成到后期处理的一站式解决方案，极大地提高创作效率和质量。

图 1-23

1.4　实战演练：多模态工具对比

本实战演练旨在对比不同AIGC工具在文本生成、图像生成方面的表现。测试主题为"未来城市"，其中文本生成工具为DeepSeek和文心一言，图像生成工具则为即梦AI和豆包。

步骤 01　打开DeepSeek，进入操作界面，输入以下提示词。

请用生动的语言描述一座未来城市，包括建筑风格、交通方式、居民生活等，要求富有科技感和想象力，字数500字左右。

步骤02 单击"发送"按钮 ⬆，生成如下内容。

DeepSeek

未来城市：赛博之都·新纪元

在2185年的"赛博之都"，天空与大地被科技重新定义。巨型全息投影如极光般悬浮在千米高空，滚动播放着全球新闻与艺术家的虚拟画作。建筑不再是冰冷的钢筋水泥，而是由自适应纳米材料构筑的生态塔楼——白天吸收太阳能，夜晚透出幽蓝的微光，外墙如活物般缓慢呼吸，调节室内气候。

交通网络彻底颠覆了传统：磁悬浮管道像毛细血管般贯穿城市，乘客搭乘胶囊舱，以800千米的时速无声滑行；短途出行则依赖个人飞行器，如蜂群般在建筑间穿梭，由AI调度避免碰撞。街道？它们已成为"绿能走廊"，地面铺设光能砖，每一步都能发电，两旁是垂直农场与全息广告树，果实是数据投影的AR菜单。

居民的生活与AI共生。智能服装实时监测健康，并随心情变换色彩；早餐由家庭3D食物打印机完成，菜单来自火星农业实验室的配方。工作？多数人在元宇宙办公室"登陆"，用思维操控全息界面；午后则去"神经公园"放松——那里能用脑电波与虚拟鲸鱼共游。

夜晚，城市化作一场赛博朋克狂欢。霓虹与生物荧光交织，无人机表演组成了动态星座，而"记忆交易所"里，人们正用情感数据兑换他人的梦境体验。在这里，科技不是工具，而是新的自然法则。

步骤03 打开文心一言，输入同样的提示词。

步骤04 单击"发送"按钮 ➤，生成如下内容。

DeepSeek

霓虹幻城：未来之境

在时光长河的奔涌中，一座未来城市如璀璨星辰般崛起。它摒弃了传统建筑的呆板，每一栋建筑都是科技与艺术的狂想曲。摩天大楼如巨型水晶柱直插云霄，表面流转着变幻莫测的全息光影，时而化作深邃宇宙中的星云漩涡，时而化为古老神话中的奇幻图腾。建筑之间，悬浮的空中花园错落有致，翠绿的植被与灵动的智能花朵交织，在微风中轻舞，散发着清新的芬芳。

交通方式在这座城市里宛如一场流动的科技盛宴。磁悬浮列车在透明的轨道上风驰电掣，如银色闪电划破长空，无声且高效地穿梭于城市各处。私人飞行器不再是遥不可及的梦想，它们像灵动的飞鸟，在设定好的航线上有序飞行，车体采用透明能量护盾，既保障安全，又让乘客能360°无死角欣赏城市美景。地面则布满了智能感应的传送带，人们只需站在上面，输入目的地，便能如行云流水般快速移动。

居民生活被科技温柔包裹。清晨，智能管家根据个人健康数据定制营养早餐，并通过全息投影呈现在眼前。工作不再局限于固定场所，虚拟现实会议让全球的同事仿佛近在咫尺。闲暇时光，人们戴上脑机接口设备，瞬间置身于虚拟世界的奇幻冒险中，或是与远方的亲友进行心灵感应般的深度交流。夜晚，城市的天际线被五彩斑斓的激光秀点亮，居民们漫步在光影交织的街道，享受着科技带来的极致便利与无尽欢乐，这座未来城市，正书写着人类文明的新篇章。

步骤 05 打开即梦AI，进入"图片生成"界面，在左上角输入框中输入提示词："未来科幻城市，建筑充满流线型设计，空中悬浮交通工具，巨大的全息投影，赛博朋克风格，4K高清"。

步骤 06 输入提示词后，设置图片比例为4：3，单击"立即生成"按钮。系统将根据描述自动生成创意图像，生成的图像效果如图1-24所示。

图 1-24

步骤 07 单击任意一张生成的图像，即可查看详细效果，如图1-25所示。

图 1-25

步骤 08 打开豆包，进入"图像生成"界面，在输入框中输入提示词："未来科幻城市，建筑充满流线型设计，空中悬浮交通工具，巨大的全息投影，赛博朋克风格，4K高清"。

步骤 09 输入提示词后，设置图片比例为4：3，单击"发送"按钮⬆️。系统将根据描述自动生成创意图像，单击任意一张生成的图像，即可查看详细效果，如图1-26所示。

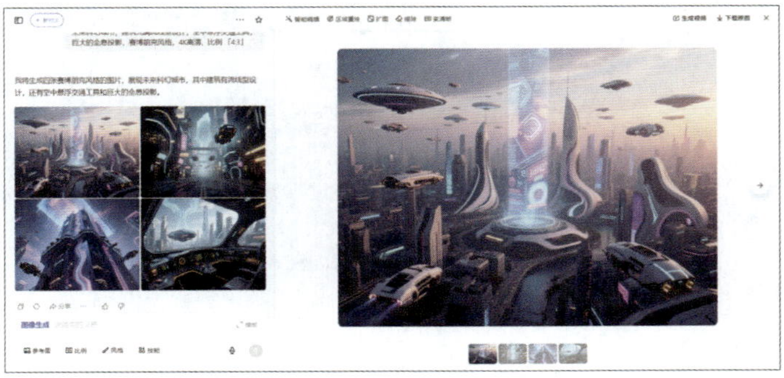

图 1-26

⚠️注意 AIGC工具生成内容时存在随机性，每次生成的结果可能有所差异。建议用户多次尝试不同工具的生成功能，综合考量生成内容的质量、风格以及与需求的契合度等因素，再根据个人喜好挑选适合的工具。

第 2 章

DeepSeek：
零基础操作指南

　　本章将助力不同层级的读者全面掌握DeepSeek人工智能平台的核心功能与技术要领。无论是初次接触人工智能工具的新手，还是寻求技术突破的从业者，都能在此获得更有针对性的操作技能。通过本章内容的学习，读者能显著提升人工智能工具的驾驭能力，为后续的深度技术探索奠定坚实基础。

2.1 DeepSeek基础入门

DeepSeek是一款以自然语言处理（NLP）为核心的人工智能技术体系，旨在通过智能交互、内容生成与数据分析能力，赋能个人与企业用户的高效工作、深度学习与创意实践。

2.1.1 核心功能

DeepSeek具备强大的自然语言处理能力，可广泛应用于工作、学习与创作场景。其核心功能涵盖智能交互、内容生成、数据处理等，以下是详细分类介绍。

1．智能对话与问答

DeepSeek支持自然语言交互，能够精准理解复杂问题并提供专业解答。基于海量知识库与实时检索能力，它可处理多领域咨询，涵盖科技、法律、教育、医疗等行业。用户可通过连续对话深入探讨问题，系统会保持上下文关联，实现流畅的交互体验。

适用场景： 专业问题解答、学习辅导、生活建议、实时信息查询（如天气、新闻）。

2．文本生成与优化

DeepSeek能够根据用户需求生成各类文本内容，包括文章、报告、邮件、营销文案等，并支持风格调整（正式、简洁、创意等）。此外，它还能优化现有文本，如语法修正、句式重组、扩写或缩写，帮助用户提升写作效率与质量。

适用场景： 商业文案创作、学术写作辅助、社交媒体内容生成、邮件润色。

3．代码生成与调试

DeepSeek支持多种编程语言（Python、Java、C++ 等），可自动生成代码片段、解释算法逻辑，并提供Debug建议。无论是简单的脚本编写，还是复杂的软件开发，它都能提供高效支持，帮助开发者提升效率。

适用场景： 自动化脚本生成、算法题解析、代码优化、错误排查。

4．文件解析与数据处理

DeepSeek可读取并分析多种文件格式（PDF、Word、Excel、PPT 等），提取关键信息并结构化输出。它支持表格数据处理、文档摘要生成、批量文件分析等功能，适用于企业办公、学术研究等场景。

适用场景： 财报数据提取、会议纪要整理、调研问卷分析、合同关键条款比对。

5．多语言处理功能

DeepSeek具备强大的多语言能力，支持中英文流畅切换，并能处理部分小语种（如日语、法语）。它可进行精准翻译、跨语言内容生成，并适应不同文化背景的表述方式，满足全球化需求。

适用场景： 商务邮件翻译、多语言内容创作、跨语言信息检索。

6．个性化扩展功能

DeepSeek可根据用户习惯优化交互方式，如记忆常用指令、适配个人写作风格，并支持企业私有化部署。移动端还支持语音输入，浏览器插件可增强网页内容分析能力，实现更智能的工作流整合。

适用场景：个人知识管理、企业定制化AI助手、自动化办公流程优化。

▌2.1.2 大模型版本

DeepSeek目前主要提供V3和R1两大模型版本，分别针对不同的应用场景和技术需求进行了专门优化。这两个版本在模型架构、性能特点和适用领域方面各具特色，为用户提供了多样化的选择。

1. DeepSeek-V3

DeepSeek-V3是一款专为企业级应用打造的通用大语言模型。其最为突出的核心优势在于具备处理128K tokens超长上下文的能力。该模型采用混合注意力机制，这一机制使得模型在保持高效推理的同时，能够有效地关联长文档中的信息。在功能表现方面，DeepSeek-V3展现出了强大的多任务处理能力。

- **文本创作**：能够生成逻辑清晰、表达流畅且富有创意的文本内容，并对已有文本进行精细化的润色，提升文本质量。
- **代码处理**：不仅可以生成结构完整、逻辑严谨的代码，还能对代码进行调试，帮助开发者快速定位和解决问题。
- **专业分析**：能够准确理解和处理各类专业技术文档，提取关键信息，生成专业的技术报告等。
- **多语言支持**：实现不同语言之间的准确翻译和转换，满足国际化交流和业务需求。

其优化的推理架构确保了模型在商业环境中的稳定表现。目前，DeepSeek-V3已广泛应用于智能客服、自动化报告生成等企业级解决方案中，为企业提高工作效率和服务质量提供了有力支持。

2. DeepSeek-R1

DeepSeek-R1是专为研究社区设计的开源模型系列，提供了7B和67B两种参数规格。该版本的核心价值体现在多方面。

- **完全开源**：遵循Apache 2.0协议，训练数据和架构完全透明，方便研究人员深入了解模型的工作原理和训练过程。
- **模块化设计**：这种设计使得模型的结构更加清晰，便于研究人员对模型进行修改和扩展。
- **高效微调**：提供了灵活的微调接口，方便用户根据特定需求对模型进行微调，以适应不同的应用场景。
- **硬件适配**：支持高效的量化技术，特别是7B版本经过深度优化，可在消费级硬件上流畅运行，并支持4-bit量化，大幅降低了研究门槛。

DeepSeek-R1为学术界提供了宝贵的大模型研究平台，特别适合以下研究方向和应用场景。

- **模型可解释性研究**：由于其开源和模块化的特性，便于研究人员深入探究模型的决策过程和内在机制。

- **算法改进实验**：研究人员可以基于该模型进行各种算法改进实验，验证新的算法和技术的有效性。
- **特定领域应用开发**：通过微调接口，可以针对特定领域进行模型定制，开发出适用于该领域的应用。
- **边缘计算场景探索**：支持在消费级硬件上运行，为边缘计算场景下的模型部署提供了可能，有助于探索边缘计算中的应用。

2.1.3　应用场景

DeepSeek凭借强大的自然语言处理、多模态交互和逻辑推理能力，在多个领域展现出广泛的应用潜力，具体应用场景如下。

1．教育科研

在教育科研场景下，DeepSeek可根据学生的学习进度、知识掌握情况和兴趣爱好，为学生提供个性化的习题推荐，帮助学生巩固所学知识、拓展学习思路；可以自动生成详细的解题步骤，引导学生逐步解决问题，培养学生的解题能力和思维逻辑；还能对学术论文进行润色，提升论文的学术表达水平和逻辑严谨性。

2．企业服务

在企业客服场景中，DeepSeek能够通过多轮对话管理，与用户进行自然且高效的沟通，准确理解用户意图；运用情感分析技术，敏锐捕捉用户情绪变化，为客服人员提供情感参考；同时自动生成工单，将用户问题及时、准确地分配给相关部门处理，提升客服响应速度和解决问题的效率。

3．金融科技

针对金融领域的财报分析需求，DeepSeek可以快速且精准地从海量财务数据中提取关键信息，运用专业的财务模型和算法，精确计算各类风险指标，全面评估企业的财务状况和风险水平；并基于分析结果生成具有深度和前瞻性的投资建议，为金融机构和投资者的决策提供有力支持。

4．医疗健康

在医疗健康领域，DeepSeek能够从医学文献中精准提取诊疗指南、研究进展等重要信息，为医生和研究人员提供便捷的知识获取途径；对病历进行结构化处理，将非结构化的病历信息转化为规范的数据格式，便于存储、检索和分析；同时检查药品之间的相互作用情况，为临床用药提供安全保障，避免药物不良反应的发生。

5．媒体创作

在媒体创作领域，DeepSeek具备强大的内容生成能力，能够自动生成多种风格的文案，满足不同媒体平台和受众群体的需求；实时追踪热点话题，快速捕捉社会动态和舆论焦点，并将其融入创作内容中，实现内容的时效性和吸引力；同时进行跨平台内容适配，根据不同平台的传播特点和用户偏好，对内容进行针对性调整，提高内容的传播效果。

6．软件开发

在软件开发过程中，DeepSeek可以作为编程助手，实现代码自动补全功能，根据开发者的输入提示和上下文信息，快速生成符合语法和逻辑的代码片段，提高编码效率；对代码进行Bug检测修复，运用先进的算法和技术，自动识别代码中的错误和漏洞，并提供修复建议；还能自动生成API文档，为开发者提供清晰、准确的接口说明，方便代码的维护和扩展。

7．法律司法

在法律司法领域，DeepSeek能够对合同进行智能审查，自动检索合同中的条款风险，对可能存在的法律风险进行提示和预警；进行类案检索，通过分析大量的司法案例，为合同审查提供参考依据；并起草法律文书，根据合同内容和相关法律规定，生成规范、准确的法律文件，提高法律工作的效率和质量。

8．政务民生

在政务民生领域，DeepSeek可以准确解读各类政策文件，将复杂的政策内容转化为通俗易懂的语言，方便公众理解和掌握；生成办事指南，为公众提供详细的办事流程和所需材料说明，提高政务服务的透明度和便捷性；提供多语言公共服务，满足不同语言背景的公众需求，促进政务服务的普惠性和包容性。

9．智能制造

在智能制造场景中，DeepSeek可用于构建设备运维知识库，进行故障诊断，通过对设备运行数据的分析和历史故障案例的学习，快速准确地判断设备故障原因；推荐维修方案，根据故障诊断结果，提供科学合理的维修建议和操作步骤；解答操作手册相关问题，为设备操作人员提供及时、准确的技术支持，保障设备的正常运行。

10．电商零售

在零售电商领域，DeepSeek能够根据消费者的浏览历史、购买记录和偏好信息，为消费者提供商品推荐；生成促销文案，结合商品特点和营销目标，创作促销内容；分析客户画像，了解消费者的需求和行为特征。

> **！注意** 以上所有AI应用均作为辅助工具使用，关键决策和复杂场景仍需专业人员把控。

动手练 通过DeepSeek解除疑惑

下面使用DeepSeek解除关于试用期的疑惑，具体操作步骤如下。

步骤01 打开DeepSeek，进入操作界面，输入提示词："《劳动合同法》中关于试用期期限有哪些规定"。

步骤02 单击"发送"按钮⬆，生成如下内容。

DeepSeek

《中华人民共和国劳动合同法》对试用期期限的规定主要体现在第19条至第21条，具体内容如下。

1. 试用期期限与劳动合同期限挂钩

- 劳动合同期限3个月以上不满1年：试用期不得超过1个月。
- 劳动合同期限1年以上不满3年：试用期不得超过2个月。
- 劳动合同期限3年以上或无固定期限：试用期不得超过6个月。
- 以完成一定工作任务为期限的合同或期限不满3个月：不得约定试用期。

2. 试用期次数限制

同一用人单位与同一劳动者只能约定一次试用期，即使岗位或合同内容变更，也不得重复约定。

3. 试用期工资标准

劳动者试用期工资不得低于：

- 本单位相同岗位最低档工资的80%。
- 劳动合同约定工资的80%。
- 用人单位所在地的最低工资标准。

以三者中的较高者为准。

4. 违法约定试用期的后果

若约定的试用期超过法定上限，超过部分无效。用人单位需以转正后的工资标准赔偿劳动者超期履行的部分。

5. 试用期的解除合同限制

- 用人单位解除试用期员工需证明劳动者"不符合录用条件"，并提前说明理由。
- 劳动者提前3日通知即可解除合同。

示例说明：

- 签订2年劳动合同：试用期最长2个月。
- 签订5年劳动合同：试用期最长6个月。
- 签订6个月劳动合同：试用期最长1个月，且工资不得低于约定工资的80%或最低工资标准。

提示：

实践中，部分用人单位可能通过延长试用期或重复约定试用期规避责任，此类约定无效，劳动者可向劳动监察部门投诉或申请劳动仲裁维权。

步骤 03 再次输入提示词："除了《劳动合同法》，还有哪些法律法规会涉及试用期的规定"。

步骤 04 单击"发送"按钮⊙，生成如下内容。

DeepSeek

在中国法律体系中，试用期的规定不仅限于《劳动合同法》，还涉及其他法律法规、部门规章及司法解释。以下是主要的相关规定及适用场景。

1. 核心法律法规

（1）《中华人民共和国劳动法》（1995年）

- **第21条**：明确规定劳动合同可以约定试用期，但试用期最长不得超过6个月（与《劳动合同法》衔接）。

- 第25条：试用期内劳动者被证明不符合录用条件，用人单位可解除合同。

（2）《中华人民共和国劳动合同法实施条例》（2008年）

- 第15条：细化试用期工资标准，重申不得低于约定工资的80%或最低工资。
- 第19条：明确试用期包含在劳动合同期限内，单独签订试用期合同视为无试用期。

2. 专项规定

（1）《事业单位人事管理条例》（2014年）

- 第13条：事业单位与工作人员可约定试用期，一般不超过6个月（特殊岗位可延长至12个月）。
- 与企业的区别：事业单位试用期解除需说明理由并书面通知。

（2）《中华人民共和国公务员法》（2019年修订）

- 第34条：公务员试用期为1年，不合格者可取消录用。
- 特殊规则：试用期不适用《劳动合同法》，按公务员管理规定执行。

（3）《劳务派遣暂行规定》（2014年）

第6条：劳务派遣工的试用期由用工单位和劳动者约定，但需遵守《劳动合同法》期限限制。

3. 地方性法规与司法解释

（1）地方性规定（如《上海市劳动合同条例》）

部分省市对试用期有细化规定。

- 试用期解除合同的举证责任。
- 特殊行业（如金融、IT）的试用期考核标准。

（2）最高人民法院司法解释

- 《关于审理劳动争议案件适用法律问题的解释（一）》（2021年）。
- 第43条：明确用人单位违法约定试用期的赔偿标准（超期部分按转正工资支付）。

4. 其他关联法规

（1）《社会保险法》

试用期内用人单位必须为劳动者缴纳社保（五险），否则违法。

（2）《女职工劳动保护特别规定》

试用期女职工享有孕产期、哺乳期特殊保护，不得因怀孕解除合同。

（3）《职业病防治法》

试用期员工接触职业病危害的，用人单位需提供防护和岗前体检。

5. 常见问题与注意事项

（1）试用期与实习期的区别

- 试用期：受《劳动合同法》保护，存在劳动关系。
- 实习期：学生实习适用《职业学校学生实习管理规定》，不构成劳动关系。

（2）违法成本

若用人单位违反试用期规定（如超期、不缴社保），劳动者可主张以下几点。

- 补足工资差额。

- 支付赔偿金（违法解除的2N）。
- 补缴社保并罚款（由社保部门处理）。

（3）维权途径

- 向劳动监察大队投诉（12333）。
- 申请劳动仲裁（时效1年）。
- 起诉至法院（对仲裁结果不服时）。

总结：

试用期规则是一个多维度法律体系，需结合全国性法律、地方规定及行业特殊性综合判断。劳动者遇到纠纷时，应优先依据《劳动合同法》，同时参考其他相关法规，确保全面维权。

2.2 网页版操作指南

网页版DeepSeek依托浏览器运行，无须额外下载客户端，方便快捷，适合各类用户在办公、学习、生活等场景下使用。

2.2.1 新用户注册与登录

在浏览器中搜索DeepSeek，进入其官网，如图2-1所示。单击"开始对话"按钮，可以进入PC端应用界面，若单击"获取手机App"按钮，则弹出一个二维码，使用手机微信扫描二维码，根据手机屏幕中的提示可以下载手机端DeepSeek。

图 2-1

单击"开始对话"按钮，跳转至注册/登录页面，可以选择验证码登录、密码登录以及扫码登录，如图2-2所示。

图 2-2

1．验证码登录

默认登录选项为验证码登录，在此模式下，支持通过手机号或邮箱进行注册登录。在相应文本框内输入手机号或邮箱地址后，单击"获取验证码"按钮，待收到验证码短信或邮件后，将验证码填入指定文本框，即可完成注册登录操作。

2．密码登录

在密码登录选项卡中，新用户单击"立即注册"按钮，在如图2-3所示的界面中，可以通过输入手机号、设置密码以及输入验证码完成注册，注册完成后返回登录界面登录即可。

若忘记密码，可以在登录界面单击"忘记密码"按钮，在如图2-4所示的界面中输入手机号/邮箱，单击"发送验证码"按钮，输入收到的验证码后，单击"下一步"按钮即可设置新的密码。

图 2-3　　　　　　　　　　　　　图 2-4

3．扫码登录

使用手机微信扫描登录界面中的二维码，在如图2-5所示的界面中授权登录，单击"允许"按钮后，登录界面显示如图2-6所示，绑定手机号即可登录。已注册用户扫描二维码即可进行登录。

图 2-5　　　　　　　　　　　　　图 2-6

2.2.2　界面布局

登录成功后，将呈现如图2-7所示的主界面。最左侧是折叠侧边栏，在默认状态下处于折叠模式。界面的中心区域是核心交互部分，用户可在输入框中输入问题、指令、文本内容等。输入框下方提供了模式选择功能，包括"深度思考（R1）"和"联网搜索"模式，用户能够依据具体任务场景灵活切换模式，以获取更符合需求的服务。此外，中心区域还设置了文件上传入口，支持用户上传多种格式的文件，方便DeepSeek对文件内容进行解析、处理，助力用户高效完成各类任务。

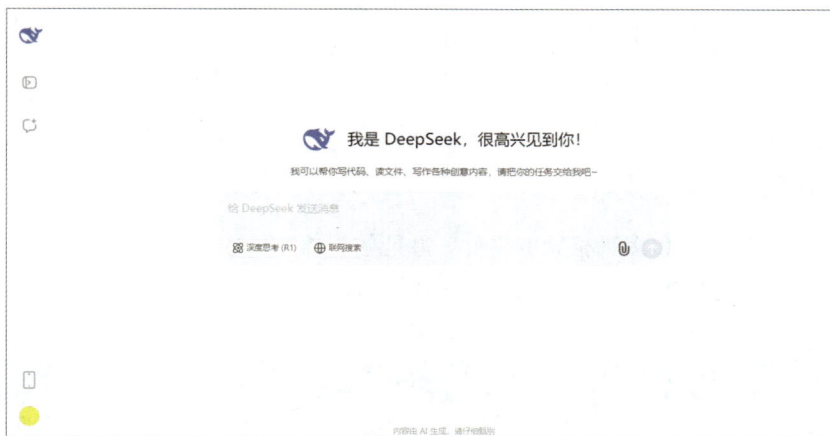

图 2-7

2.2.3　侧边栏功能

DeepSeek的侧边栏是用户管理对话、切换任务和调整设置的控制区。默认状态下为折叠模式，如图2-8所示。单击最左侧的"打开边栏"按钮 ▣ 展开侧边栏，显示"开启新对话"按钮、历史对话列表、个人信息设置等。

图 2-8

- **开启新对话**：一键重置上下文，开启全新会话。
- **历史对话列表**：按时间顺序排列历史会话，删除单条记录或清空全部历史。
- **个人信息设置**：在系统设置中可以设置语言、主题、账户管理等。图2-9所示为主题设置。

图 2-9

2.2.4 文件上传处理

DeepSeek支持用户上传多种格式的文件，并能够智能解析内容，辅助用户高效完成信息提取、数据分析、文档总结等任务，表2-1所示为DeepSeek支持的文件格式。

表2-1

文件类型	格式	主要用途
文档	PDF、DOCX、PPTX	论文阅读、合同解析、PPT 内容提取
表格	XLSX、CSV	数据分析、表格查询、统计计算
文本	TXT、Markdown	代码解析、笔记整理、日志分析
演示文稿	PPT、PPTX	幻灯片内容提取、演讲要点总结
电子书	EPUB（部分支持）	电子书内容解析、章节摘要

用户可以通过单击输入框旁的"上传附件"按钮 @，或直接拖动文件至输入框的方式上传文件，拖动显示界面如图2-10所示。该界面中表明"最多支持50个文件，每个100MB，仅提取文字，接受pdf、doc、xlsx、ppt、图片、文本、代码等"。

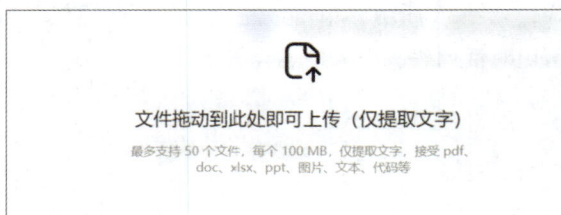

图 2-10

2.2.5 模式的选择

DeepSeek提供默认模式、深度思考模式和联网搜索模式三种交互方式，针对不同场景优化回答效果。

1. 默认模式

默认模式即标准对话，在操作方面，无须手动切换，直接输入即可，如图2-11所示。该模式基于DeepSeek-V3模型训练数据，适用于一般知识问答、内容创作、基础编程问题以及生活建议。

图 2-11

单击"发送"按钮 ⬆，即可生成相应的内容，若对生成的内容不满意，可以单击"重新生成"按钮 ↻，如图2-12所示，直到满意。

图 2-12

2．深度思考模式

深度思考模式采用更复杂的算法，生成逻辑严谨、步骤详细的回答，适合需要多步推导或深入分析的任务。因计算量较大，生成时间比默认模式长。适用于数学/物理推导、学术研究、复杂代码优化以及哲学/逻辑问题。在输入框下方单击"深度思考（R1）"按钮，输入问题，AI会标注"思考中..."并给出详细解答，如图2-13所示。

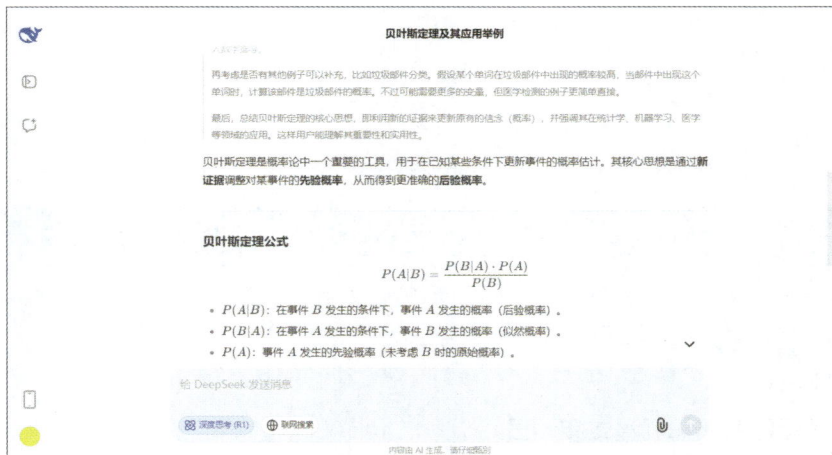

图 2-13

3．联网搜索模式

联网搜索模式突破模型知识限制，获取最新信息，如新闻、股价、科研进展。回答会标注参考链接，如官网、权威媒体。其响应速度受搜索引擎影响。适用于实时数据、新闻事件、技术文档以及商品价格。在输入框下方单击"联网搜索"按钮，输入问题，AI会标注"已搜索到..."并返回带来源的结果，如图2-14所示。

图 2-14

动手练 策划六一活动方案

下面使用DeepSeek策划六一活动方案，具体操作步骤如下。

步骤 01 打开DeepSeek，进入操作界面，输入提示词："**六一即将到来，本图书馆想策划一系列活动方案，有什么好的推荐？**"，如图2-15所示。

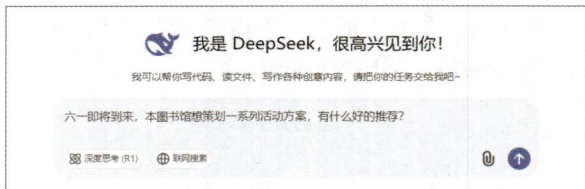

图 2-15

步骤 02 单击"发送"按钮 ↑，生成如下内容。

DeepSeek

为迎接六一儿童节，图书馆可以策划一系列兼具趣味性、教育性和互动性的活动，以下是一些创意方案推荐，适合不同年龄段的孩子参与。

1. 主题活动推荐

（1）"童话奇遇记"沉浸式阅读日

内容：布置经典童话场景（如森林、城堡、海底世界），孩子们cosplay书中角色参与互动。

亮点：

● 分角色朗读+即兴小剧场表演。

● "寻找童话密码"解谜游戏（根据线索在书中找答案）。

延伸：推荐相关绘本，如《格林童话》《彼得兔》。

（2）"小小图书管理员"职业体验

内容：让孩子体验图书分类、借阅流程、整理书架等工作。

● **教育意义**：培养责任感，了解图书馆运作。

- **奖励**：颁发"一日管理员"证书。

（3）"亲子共读马拉松"挑战

- **形式**：设定2小时阅读时间，家庭共同完成阅读任务（如读完3本书并分享心得）。
- **记录**：拍照打卡制作"阅读足迹墙"。

2. 创意手工与科技结合

（1）"未来之书"创意工坊

活动：

- **手工书制作**：用环保材料自制绘本。
- **AR故事创作（需设备支持）**：让孩子画的角色在屏幕上动起来。

成果展：展示作品并评选"最具想象力奖"。

（2）"图书馆夜话"儿童专场（晚间活动）

内容：

- 关灯用手电筒讲奇幻故事。
- 星空投影下分享"我最害怕/勇敢的事"。

适合年龄：6～12岁（需家长陪同）。

3. 互动竞赛类

（1）"知识大冒险"闯关赛

关卡设计：

- **第一关**：快速找书（根据索书号挑战）。
- **第二关**：百科问答（题目藏在不同书架）。
- **第三关**：拼图还原名著封面。

奖品：图书盲盒或定制书签。

（2）"故事接龙大赛"

- **规则**：每组5人，轮流续编故事（开头由主持人设定）。
- **创意点**：加入"意外卡"（如"突然出现一只会说话的猫"）。

4. 公益与情感教育

（1）"写给山区小朋友的一本书"

- **形式**：孩子制作手工绘本，图书馆统一捐赠给乡村小学。
- **延伸**：录制朗读视频，扫码可听。

（2）"图书医院修复体验"

内容：教孩子用简单工具修补破损书籍，学习爱护图书。

5. 特别策划

（1）"童书百年展"展出

- 不同年代的经典童书（如1980年图书与现代绘本）。
- "爸爸妈妈小时候读的书"专题区。

（2）互动

投票"你最喜欢的经典角色"。

6. 宣传与后续

（1）前期宣传

- 设计卡通版活动地图海报。
- 短视频预告（如馆长cosplay彼得潘邀请参与）。

（2）后期延续

- 优秀作品做成电子画廊。
- 组建"儿童读者委员会"收集反馈。

7. 注意事项

- 安全第一，需安排足够工作人员。
- 按年龄分组（如3~6岁、7~12岁）。
- 预留自由阅读时间，避免过度安排。

可根据图书馆场地、预算调整活动组合，核心是让孩子感受到阅读的快乐与创造力！

2.3 移动端操作指南

　　DeepSeek提供完整的移动端支持，适配iOS和Android设备，让用户随时随地享受智能对话体验。

2.3.1 获取与登录

　　在官网或应用商店搜索DeepSeek，如图2-16所示，单击"安装"按钮下载。打开软件，显示如图2-17所示的登录页面，可以选择验证码登录、密码登录以及微信授权登录。登录完成后进入首页，如图2-18所示。使用同一DeepSeek账号，其对话历史会自动同步，无须手动迁移。

图 2-16

图 2-17

图 2-18

2.3.2 基础操作

　　移动端的侧边栏同样为隐藏模式，右滑即可显示历史记录和设置选项，如图2-19所示。单击即可查看生成的内容，如图2-20所示。单击"开启新对话"按钮或右上角的⊕按钮可开启新的对话。

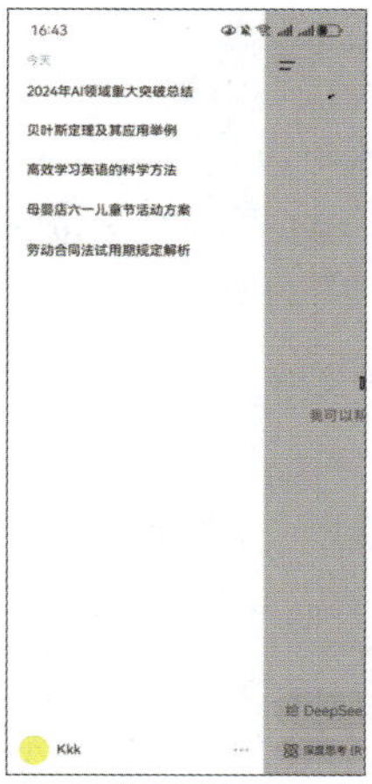

图 2-19 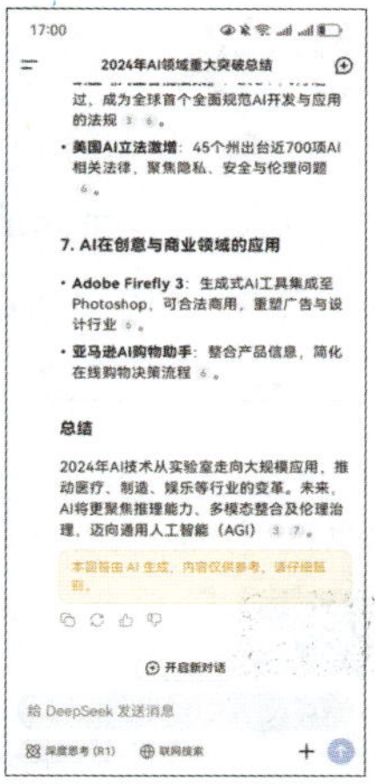   图 2-20

2.3.3 特色功能

针对手机用户在移动办公、学习资料整理等场景下快速准确识别文字信息的需求，DeepSeek移动端在网页端核心功能基础上，新增如图2-21所示的拍照识文字和图片识文字两大实用功能，大幅提升移动场景下的输入效率。

1．拍照识文字

拍照识文字功能可通过拍摄纸质文档等，快速将文字内容提取转化为电子文本，方便用户直接用于提问、编辑等操作。在主界面中单击输入框旁的＋按钮，在弹出的功能菜单中继续单击"拍照识文字"按钮，授权相机权限，对准目标（如书籍、海报、手写笔记）拍摄清晰照片，AI自动提取图中文字，用户可编辑后发送提问，如图2-22所示。

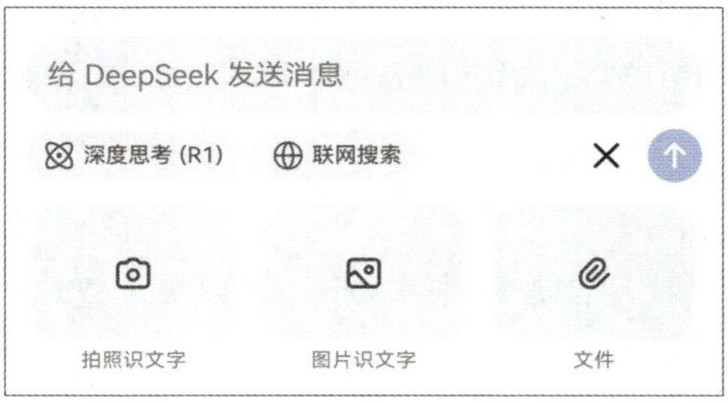

图 2-21 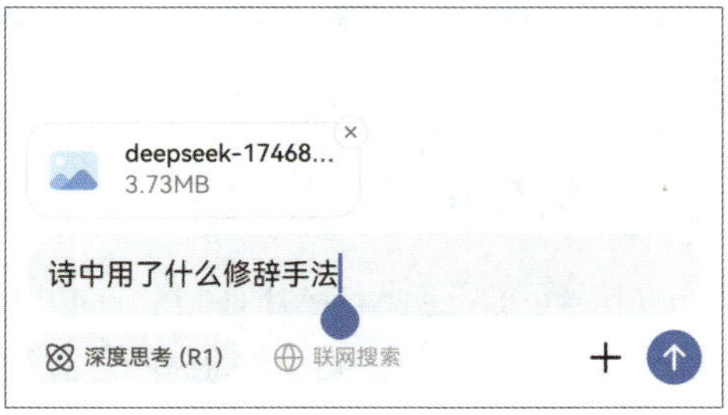   图 2-22

2．图片识文字

图片识文字功能则能对手机相册中图片里的文字进行识别提取，极大提升移动场景下的文字输入效率。在主界面中单击输入框旁的＋按钮，在弹出的功能菜单中继续单击"图片识文字"按钮，在文件夹中选择图片（支持多选），AI识别图片中的文字、表格、代码等内容，在输入框中输入文字进行提问，如图2-23所示。

图 2-23

动手练 拍照提取图像中的文字

下面使用移动端DeepSeek拍照提取图像中的文字，具体操作步骤如下。

步骤01 打开DeepSeek，进入操作界面，单击输入框旁的＋按钮，在弹出的功能菜单中单击"拍照识文字"按钮，对准纸质文档，拍摄清晰照片，如图2-24所示。

步骤02 在输入框中输入提示词："提取图中的文字"，单击"发送"按钮↑，效果如图2-25所示。

步骤03 长按界面，在弹出的菜单中选择"复制"选项即可，如图2-26所示。

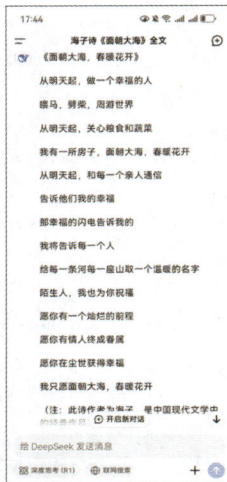

图 2-24　　　　　　　图 2-25　　　　　　　图 2-26

2.4　高效实用技巧

在与DeepSeek交互时，掌握高效的提问和分析策略可以显著提升回答质量，减少无效沟通。

2.4.1　常见的提问风格

不同的提问方式会影响AI的回答方向和质量。选择合适的提问风格，可以更高效地获取符合预期的答案。以下是几种常见的提问方式及适用场景。

1. 直接指令式

直接指令式提问适用于需要快速获取明确答案时，如事实查询、代码示例。在询问过程中避免开放式问题，直接说明需求。

动手练 使用直接指令式提问

下面使用直接指令式提问DeepSeek，具体操作步骤如下。

步骤01 打开DeepSeek，进入操作界面，输入提示词："请给出Photoshop 2024中创建金属质感文字的详细步骤"。

步骤02 单击"发送"按钮↑，生成如下内容。

DeepSeek

以下是Photoshop 2024中创建金属质感文字的详细步骤。

1. 新建文档

- 打开Photoshop 2024，执行"文件"|"新建"命令。
- 设置合适尺寸（建议1920×1080像素，72dpi）。
- 选择RGB颜色模式，背景内容设为透明或白色。

2. 创建文字

- 选择文字工具（T）。
- 输入需要的文字内容。
- 在"字符"面板进行以下调整。
  - **字体**：推荐使用粗体无衬线字体（如Arial Black）。
  - **大小**：150～200点。
  - **颜色**：暂时设为中灰色（#808080）。

3. 添加基础金属质感

- 右击文字图层，在弹出的快捷菜单中选择"转换为智能对象"选项。
- 双击图层打开"图层样式"面板。
- 添加以下渐变叠加。
  - **混合模式**：正常。
  - **角度**：90°。
  - **使用金属色渐变（建议银灰色系）。**
  - **样式**：线性。

4. 增强立体感

- 添加斜面和浮雕。
  - **样式**：内斜面。
  - **方法**：雕刻清晰。
  - **深度**：150%～200%。
  - **方向**：上。
  - **大小**：8～12像素。
  - **软化**：2～3像素。
  - **高光模式**：滤色，不透明度为75%。
- **阴影模式**：正片叠底，不透明度为75%。

5. 添加光泽效果

- 添加内发光。
  - **混合模式**：滤色。
  - **不透明度**：30%～40%。
  - **颜色**：浅金色（#FFD700）。

◆**大小**：10～15像素。

- 添加外发光。

◆**混合模式**：叠加。

◆**不透明度**：50%。

◆**颜色**：深灰色（#333333）。

◆**大小**：5～8像素。

6. 创建表面纹理

- 新建图层，填充50%灰色。
- 执行"滤镜"|"杂色"|"添加杂色"命令（5%～8%）。
- 执行"滤镜"|"模糊"|"高斯模糊"命令（1、2像素）。
- 设置图层混合模式为"叠加"。
- 创建剪贴蒙版（按住Alt键单击图层之间）。

7. 最终调整

- 添加曲线调整图层（增强对比度）。
- 可选择性添加以下效果。

◆镜头光晕（执行"渲染"|"镜头光晕"命令）。

◆轻微模糊（执行"滤镜"|"模糊"|"高斯模糊"命令，1像素）。

- 保存为PSD文件或导出为PNG格式。

8. 高级技巧

（1）尝试不同的金属类型

- **黄金质感**：使用金色渐变（#FFD700到#B8860B）。
- **钢铁质感**：使用蓝灰色渐变（#C0C0C0到#707070）。

（2）添加锈迹效果

- 使用纹理画笔添加棕色斑点。
- 设置混合模式为"正片叠底"。

（3）创建3D效果

- 复制文字图层。
- 执行"3D"|"从所选图层新建3D模型"命令。
- 调整突出深度和光照。

注：以上参数可根据实际效果需求进行调整，建议在操作过程中随时观察预览效果。

2. 分步引导式

分步引导式提问适用于复杂任务或需要逻辑推导的问题，如项目流程、算法实现。可以将问题拆解为多个步骤，引导DeepSeek逐步解答。

动手练 使用分步引导式提问

下面使用分步引导式提问DeepSeek，具体操作步骤如下。

步骤 01 打开DeepSeek，进入操作界面，输入提示词："描述使用3D建模软件结合DeepSeek进行一个虚拟角色建模的过程：①角色设定阶段的形象构思和参考资料收集；②基础模型搭建的工具和操作流程；③模型细节雕刻的技术和注意要点；④材质与纹理制作的方法和如何体现角色特点；⑤模型渲染的参数设置和优化"。

步骤 02 单击"发送"按钮 ↑，生成如下内容。

DeepSeek

使用3D建模软件结合DeepSeek进行虚拟角色建模的全流程指南。

1. 角色设定阶段的形象构思和参考资料收集

（1）利用DeepSeek进行创意生成

- 输入提示词："生成5个赛博朋克风格女性角色概念描述，包含服装、发型和科技装备细节"。
- 选择最优方案后，追加"为该角色设计3种面部特征方案，突出亚洲人特点"。

（2）参考资料收集

- 使用DeepSeek分析描述生成关键词："cyberpunk Asian female character design 2077"。
- 通过AI整理参考图板：输入"从这些描述中提取10个关键视觉元素"，并生成mood-board。

（3）角色设定文档

要求DeepSeek格式化输出以下内容。

- 角色名称：Neon-7。
- 核心特征如下。
  - ◆ 机械义眼（右）。
  - ◆ 发光纹身（颈部电路图案）。
  - ◆ 混合材质服装（皮革+合成纤维）。
- 个性体现如下。
  - ◆ 通过锐利的眼角表现果决。
  - ◆ 嘴角微扬显示自信。

2. 基础模型搭建（Blender为例）

（1）基础建模流程

使用DeepSeek查询："Blender 3.6人体基础建模最佳实践5步流程"。

- 添加标准人体基础网格。
- 使用Sculpt模式调整大体比例。
- 关键拓扑结构处理（眼窝、嘴角等）。
- 服装基础块面搭建。
- 初步姿态调整。

（2）AI辅助操作

遇到具体问题时提问："Blender中如何快速创建贴合身体的机械装甲？"。

获取分步指导。

- 使用Shrinkwrap修改器。
- 设置0.1mm的偏移量。
- 应用后添加Solidify修改器（厚度2mm）。

（3）拓扑优化

咨询AI："角色动画用模型的最佳拓扑密度是多少？"。

获得建议。

- **面部**：每5mm一条循环边。
- **关节部位**：至少3条循环边。
- **静态部件**：可减少至基础结构。

3. 细节雕刻技术要点

（1）机械部件雕刻

提问："ZBrush机械表面磨损雕刻技巧"。

应用方案。

- 使用Dam_Standard笔刷创建基础划痕。
- TrimDynamic笔刷添加金属边缘磨损。
- 配合Surface噪波生成细微凹凸。

（2）生物组织细节

获取指导："如何表现皮肤下血管的微妙起伏"。

- 使用Standard笔刷（强度15%）。
- 配合Skin毛孔alpha通道。
- 最后用Inflate轻微膨胀血管路径。

（3）细节层级控制

通过AI建议设置细分级别。

- L1：大型态（2000面）。
- L3：中等细节（1.5万面）。
- L6：毛孔级（300万面）。

4. 材质与纹理制作

（1）智能材质生成

向DeepSeek描述："生成赛博朋克风格金属皮肤材质参数"。

获得建议。

- BaseColor。
  - **金属区域**：HSV(210,15%,85%)。
  - **皮肤过渡区**：添加30%透明度。

- Roughness。
  - ◆机械部件：0.3。
  - ◆生物组织：0.7。

（2）纹理细节表现

查询："如何用智能蒙版创建自然污渍效果"。

实施步骤。

- 添加Fill图层（基础色）。
- 使用Curvature生成边缘磨损。
- 添加Dirt生成器（角度85°）。

（3）角色特点强化

针对发光纹身。

- 创建Emissive通道（强度150%）。
- 添加边缘辉光（模糊半径5px）。
- 设置动画参数（脉动频率0.5Hz）。

5. 渲染优化

（1）**基础光照设置**

获取AI建议："三光源角色展示布光方案"。

- **主光：**45° 环形光（强度80%）。
- **轮廓光：**−30° 窄光（强度120%）。
- **环境光：**HDRI室内场景。

（2）**渲染参数**

咨询："实时渲染器中皮肤SSS的最佳参数"。

Scatter Radius。

  - ◆表皮层：1.2mm（粉色）。
  - ◆真皮层：3.5mm（红色）。
  - ◆深度：2.0mm。

（3）**最终输出优化**

通过AI检查清单。

- **检查法线贴图方向**（提问："如何验证法线贴图是否正确？"）。
- **优化LOD层级**（获取："角色模型LOD分级标准"）。
- **测试不同平台规格**（咨询："手游与主机角色模型面数限制"）。

6. 进阶技巧

（1）**AI辅助拓扑**

- **使用DeepSeek解释自动拓扑结果：**"分析这个自动拓扑的流线问题"。
- 获取手动修正指导。

（2）**表情绑定优化**

- 提问："如何设置混合形状保证嘴唇自然闭合"。

- 获得骨骼权重绘制建议。

（3）性能平衡

- 咨询："4K贴图与8K贴图在UE5中的实际表现差异"。
- 获取优化方案。

注：所有流程均可通过持续与DeepSeek交互进行实时优化，建议在每个关键节点保存迭代版本，并使用AI进行阶段性成果评估（如："分析当前模型的面部比例是否符合亚洲人特征"）。

3．假设情境式提问

假设情境式提问适用于需要创意发想、方案规划或探索可能性的设计场景。通过设定特定条件或虚构情境，可以激发DeepSeek提供更具针对性和创新性的建议。

动手练 使用假设情境式提问

下面使用假设情境式提问DeepSeek，具体操作步骤如下。

步骤01 打开DeepSeek，进入操作界面，输入提示词："如果要设计一套赛博朋克风格的游戏UI，需要考虑哪些视觉元素"。

步骤02 单击"发送"按钮 ↑，生成如下内容。

DeepSeek

赛博朋克风格游戏UI设计的核心视觉元素。

1.色彩系统

（1）主色调方案

- **霓虹色系**：品红(#FF00FF)/青(#00FFFF)/紫(#9D00FF)。
- **暗色背景**：深灰(#1A1A1A)/黑(#000000)。
- **荧光辅助色**：橙(#FF5E00)/绿(#00FF47)。

（2）色彩应用原则

- 重要交互元素使用高饱和霓虹色。
- 文字信息采用冷光蓝白(#E0F2FE)。
- 背景保持85%以上深色占比。

2.界面构成元素

（1）全息投影效果

- 使用0.8像素发光描边。
- 添加噪点透明度（5%~10%）。
- 网格底纹（倾斜15°的虚线网格）。

（2）数据可视化组件

- 辐射状能量条。
- 数字雨背景动画。

- 锯齿状波形图。

3. 动态设计规范

（1）转场动效

- 扫描线刷新（垂直方向）。
- 像素化溶解。
- 全息投影展开。

（2）交互反馈

- 按钮悬停时出现3层光晕扩散。
- 错误提示采用信号干扰特效。
- 成功状态触发霓虹流光动画。

4. 字体与排版

（1）字体选择

- **主标题**：Rajdhani Bold（科技感无衬线）。
- **正文**：Orbitron Medium（电子风格）。
- **数据**：LCD字体（模拟电子屏）。

（2）排版特征

- 非对称布局。
- 45°斜向信息分组。
- 文字间距压缩至0.8倍。

5. 特色细节处理

（1）故障艺术效果

- RGB通道错位（2～3像素）。
- 随机像素块缺失。
- 信号干扰条纹。

（2）增强沉浸感的设计

- 虚构品牌植入（如"NeuroLink Corp"水印）。
- 伪代码注释（界面边缘的[ERROR 404]等）。
- 多语言混杂显示（日文、中文、代码符号）。

6. 技术实现建议

（1）材质制作

- 在Substance Designer创建阳极氧化金属材质。
- 使用UE5的Niagara系统制作全息粒子效果。

（2）性能优化

- 将动态元素限制在屏幕的20%区域内。
- 霓虹发光使用后处理而非实际光源。

（3）无障碍设计

- 为色盲玩家提供高对比模式。
- 关键交互区域保持最小12mm触控尺寸。

7. 风格参考案例

- **成功应用**：*Cyberpunk 2077*的义眼UI。
- **创新案例**：*Observer*的神经界面设计。
- **极简演绎**：*Ghostrunner*的HUD设计。

注：建议建立设计系统文档，规范以下元素。

- 色彩HEX值/RGB数值。
- 动效持续时间（建议150～300ms）。
- 响应式断点规则。

4. 对比分析式

对比分析式提问适用于设计风格选择和技术方案比较。通过对比不同设计方案的特性，有助于做出更明智的选择。

动手练 使用对比分析式提问

下面使用对比分析式提问DeepSeek，具体操作步骤如下。

步骤01 打开DeepSeek，进入操作界面，输入提示词："*在进行海报设计时，使用DeepSeek生成图像与使用传统手绘再进行数字化处理，在创作效率、艺术表现力和后期修改灵活性方面有哪些差异？如何根据项目需求选择合适的方式*"。

步骤02 单击"发送"按钮↑，生成如下内容。

DeepSeek

DeepSeek生成图像与传统手绘+数字化处理的对比分析。

1. 创作效率

维度	DeepSeek生成	传统手绘+数字化
速度	⚡极快（几秒至几分钟生成多个方案）	⏳较慢（手绘＋扫描＋清理需数小时）
迭代能力	🔄高效（可快速调整提示词生成新版本）	🖌有限（修改需重新绘制或使用Photoshop软件处理）
批量产出	☀优秀（同时生成多风格变体）	🖐困难（依赖人工逐张绘制）

适用场景

- DeepSeek：紧急项目、多方案比稿、快速原型。
- 手绘：追求独特笔触、艺术家个人风格强烈的项目。

2. 艺术表现力

维度	DeepSeek生成	传统手绘+数字化
风格控制	🖐中等（依赖提示词精度）	✏精准（完全由创作者掌控）

（续表）

维度	DeepSeek生成	传统手绘+数字化
细节精度	🔍 参差（可能需人工修正）	🖌️ 极高（可精细到每一笔触）
情感传达	🤖 偏技术感	❤️ 人性化（手绘温度更易共鸣）

典型表现

- DeepSeek：适合科幻、抽象、概念艺术。
- 手绘：更适合插画、复古风格、情感化设计。

3. 后期修改灵活性

维度	DeepSeek生成	传统手绘+数字化
局部调整	❇️ 有限（需重新生成或使用 Photoshop 软件修补）	✂️ 灵活（分层 PSD 文件易编辑）
风格迁移	🌈 容易（通过修改提示词转换风格）	🎨 困难（需重绘或复杂滤镜处理）
版权风险	⚠️ 需注意（可能含训练数据版权问题）	✅ 安全（原创作品）

修改案例

- **修改角色服装**：手绘直接擦改，AI需重生成。
- **调整整体色调**：AI通过提示词快速实现，手绘需使用Photoshop软件调色。

如何根据项目需求选择合适的方式

（1）选择DeepSeek生成的情况

- **时间紧迫**：需在1天内完成10版方案。
- **预算有限**：无法承担手绘高昂成本。
- **实验性需求**：测试多种风格组合（如"赛博朋克+水墨风"）。
- **技术类主题**：未来科技、数据可视化等。

（2）选择传统手绘的情况

- **强调艺术性**：如高端音乐专辑封面、文学书籍插图。
- **品牌独特性**：需保持一致的插画风格（如星巴克节日杯设计）。
- **情感化设计**：儿童绘本、公益海报等需人性化表达。
- **规避版权风险**：商业项目对原创性要求极高。

（3）混合工作流建议

- **概念阶段**：用DeepSeek生成20版草图，筛选出3版。
- **深化阶段**：选择1版由设计师手绘优化关键细节。
- **后期阶段**：AI生成背景特效+手绘主体合成。

（4）工具组合示例

DeepSeek提示词 → Midjourney出图 → Procreate手绘修正 → PS合成。

通过合理搭配两种方式，可兼顾效率与艺术性，适应不同项目需求。

5．反向验证式

反向验证式提问适用于设计决策评估和方案优化。通过质疑或反向思考来检验设计的合理性。

动手练 使用反向验证式提问

下面使用反向验证式提问DeepSeek，具体操作步骤如下。

步骤01 打开DeepSeek，进入操作界面，输入提示词："假设在设计一款儿童教育类App的图标时，不采用明亮鲜艳的色彩，而使用低饱和度的莫兰迪色系，会对儿童的吸引力和认知度造成怎样的影响？有哪些设计手段可以改善这种情况"。

步骤02 单击"发送"按钮⬆️，生成如下内容。

DeepSeek

莫兰迪色系在儿童教育App图标设计中的影响与优化策略。

1. 潜在影响分析

（1）吸引力层面

- **视觉刺激降低**：儿童对60%以上饱和色彩的注视时间比莫兰迪色长3～8秒（Nielsen儿童UX研究）。

- **年龄差异表现**。
    - ◆**3～5岁幼儿**：对低饱和度颜色的点击率下降约40%。
    - ◆**6～8岁儿童**：下降约25%。

- **文化认知差异**：东方儿童对柔和色的接受度比西方儿童高15%。

（2）认知度层面

- **形状辨识速度**：使用莫兰迪色时，5岁儿童识别图标的时间延长0.5～1.2秒。

- **记忆留存率**：鲜艳色图标在24小时后的回忆准确率高出22%。

- **功能传达效率**：高对比度图标的操作正确率提升35%。

2. 设计优化方案

（1）色彩补偿策略

- **明度梯度控制**。

    推荐参数：

元素类型	亮度范围	色相跨度
主图形	65%～75%	30°
背景	85%～95%	15°
细节装饰	45%～55%	60°

- **动态色彩增强**。
    - ◆悬停状态增加10%饱和度。
    - ◆点击时触发0.3秒的色相偏移动画。

（2）形态强化手段

- **轮廓增强技术**。
    - ◆**双重描边**：内层1px同色系深边 + 外层2px浅灰边。

◆负形空间控制：保持至少40%的空白区域。

● 质感叠加。

示例组合

◆蜡笔质感：噪点纹理(15%) + 纸张肌理。

◆软陶效果：轻微膨胀(3px) + 柔光阴影。

（3）交互补救设计

● 认知引导系统。

◆首次启动时的色彩提示动画（如脉冲光效）。

◆持续3秒的图形变形引导（圆→方→星形）。

◆语音辅助说明（"点击这个淡蓝色的星星！"）。

● 渐进式呈现。

交互流程

◆初始状态 → 悬停0.5秒 → 激活状态。

◆莫兰迪色 → 增加10%明度 → 添加微光粒子。

3．成功案例参考

（1）Montessori Preschool（蒙特梭利教育App）

● 使用灰调但保持85%以上明度。

● 通过毛绒质感提升亲和力。

● 图标增加0.5mm的亮色压印轮廓。

（2）Kinedu（早教应用）

● 莫兰迪底色+高饱和动态装饰元素。

● 采用"色彩聚焦"技术：中心区域保持15%更高饱和度。

（3）日本学研社「やさしい学習」系列

● 全莫兰迪色系下的解决方案。

◆所有图标添加拟物化投影。

◆图形复杂度降低40%。

◆增加触觉反馈振动。

4．实施检查清单

（1）A/B测试必检项

● 不同饱和度版本在目标年龄段的首次点击热图对比。

● 复杂场景下的图标查找效率（如满屏状态）。

● 长期使用后的色彩疲劳度评估。

（2）技术实现要点

● iOS/Android分别适配的色彩配置文件。

● 动态色彩的GPU加速渲染方案。

● 无障碍模式下的高对比度切换。

（3）替代方案准备

- 家长控制面板中的"高对比度模式"开关。
- 根据使用时段自动调节色温（白天+5%饱和度）。
- 成就系统解锁的特殊皮肤奖励。

通过系统性的设计补偿，莫兰迪色系同样可以打造出既符合审美需求又不失功能性的儿童教育产品，关键要在"视觉舒适度"与"认知有效性"之间找到精准平衡点。建议初期采用"色彩梯度测试法"，从同一色相的不同饱和度样本中找出最佳临界值。

2.4.2　提示词的基础技巧

通过优化提示词，可以控制AI的回答范围、格式和深度，避免产出无关内容。

1．明确角色与目标

为AI设定一个明确的角色，有助于其从特定的专业视角来回答问题，同时明确任务目标可以让AI更清楚地知道需要完成什么。例如，"作为一名资深的平面设计师，为一家咖啡店设计一个具有复古风格的招牌，要体现出咖啡的香气和店铺的温馨氛围"，这里"资深的平面设计师"是角色，"设计复古风格招牌并体现咖啡香气和店铺温馨氛围"是目标。这样的提示词能让AI聚焦相关领域的知识和经验，给出更符合期望的答案。

2．结构化输出

使用结构化的方式来组织提示词和要求AI的输出，能使答案更清晰、有条理，方便用户理解和提取关键信息。可以采用分点、列表、标题等形式，例如，"请按照以下几点来介绍一款手机游戏的界面设计：①整体布局特点；②色彩搭配方案；③按钮设计风格；④信息展示方式"。AI会按照给定的结构进行回答，使内容层次分明，逻辑连贯。

3．限制与扩展

通过限制条件可以让AI的回答更精准，避免过于宽泛或无关的内容。例如，"用300字以内的篇幅解释清楚虚拟现实技术在建筑设计中的应用"，限制了字数和应用领域。同时，也可以根据需要对某些方面进行扩展，如"详细说明在制作动画时，如何运用色彩理论来突出角色的性格特点，包括不同色彩的象征意义以及在具体场景中的应用示例"，这里"详细说明"以及"包括……应用示例"就是对问题的扩展，让AI提供更丰富、全面的信息。

4．示例引导

提供具体的示例可以帮助AI更好地理解用户期望的输出格式、风格或内容特点。例如，"请模仿以下广告文案的风格，为一款新型智能手表撰写宣传语。示例文案：'这款耳机，如同灵动的音符，轻盈地跃入耳畔，为你奏响极致的音乐盛宴'"。AI会参考示例的修辞手法和表达方式来创作智能手表的宣传语，使输出更符合用户想要的风格。

5．迭代优化

与AI的交互是一个动态的过程。如果对AI的第一次回答不满意，可以根据其回答的情况对提示词进行调整和优化，补充更多细节或修改要求，让AI进一步完善答案。

例如，当要求AI"设计一个网站首页的布局"时，发现其设计缺乏创新性，可以接着输入提字词："在此设计基础上，增加一些独特的交互元素，如悬浮动画或视差效果，以提升页面的吸引力和趣味性"。通过不断的迭代优化，逐步得到更符合预期的结果。

2.5　实战演练：多风格Logo设计生成

本实战演练使用DeepSeek生成多风格Logo方案，然后通过即梦AI进行生成，具体实施方案如下。

步骤 01 打开DeepSeek，进入操作界面，输入提示词："为智能家居品牌'智居'设计Logo，需要体现：①科技感；②家庭温度；③安全性。请列出3～5个方案"。

步骤 02 单击"发送"按钮 ⬆，生成如下内容。

DeepSeek

以下是针对智能家居品牌"智居"Logo设计的5个方案，结合科技感、家庭温度与安全性三大核心要素。

方案1：极简智能房屋 + 能量环
- **关键词**：抽象房屋轮廓/渐变科技蓝/环绕式光弧/圆角安全感/动态微光效果。
- **说明**：用简洁的几何线条勾勒房屋，外围包裹半透明光弧，象征科技防护与家庭温暖共存。

方案2：指纹融合智能门锁
- **关键词**：指纹纹路变形/门锁与屋顶结合/暖橙色点缀/金属质感/嵌入式线条光效。
- **说明**：将指纹图案抽象为屋顶纹路，底部融入门锁造型，传递安全与生物识别的科技属性，暖色提升亲和力。

方案3：拥抱式防护盾牌
- **关键词**：盾牌轮廓/双手环抱负形/智能像素点/低多边形/双色渐变（蓝+橙）。
- **说明**：盾牌象征安全，内部负形构成拥抱的双手，多边形科技纹理平衡冷硬与柔和。

方案4：动态能量火花+家居剪影
- **关键词**：火花粒子流/抽象家电轮廓/深蓝基底/暖光触点/流动连接线。
- **说明**：用粒子流连接灯光、空调等家居图标，科技感动态线条中穿插温暖光点。

方案5：莫比乌斯环家居
- **关键词**：无限循环带/嵌入式房屋图标/哑光金属/柔光边缘/生态绿点缀。
- **说明**：莫比乌斯环代表智能互联，环带中嵌入家庭符号，绿色传递可持续安全感。

设计建议
- **科技感**：多用冷色调（蓝/银）、几何线条、微光效果。
- **家庭温度**：局部暖色（橙/黄）、圆角造型、负形隐喻（如拥抱/灯火）。
- **安全性**：盾牌/锁/环保元素、稳重比例、金属质感。

可根据品牌受众（年轻家庭/高端用户）调整配色与细节复杂度。

步骤03 输入提示词："针对方案1（极简智能房屋 + 能量环）和方案5（莫比乌斯环家居）生成适用于即梦AI生图工具的提示词"。

步骤04 单击"发送"按钮↑，生成如下内容。

DeepSeek

以下是针对方案1（极简智能房屋+能量环）和方案5（莫比乌斯环家居）优化后的中文提示词，适配即梦AI生图工具，确保生成效果精准匹配设计需求。

1. 方案1：极简智能房屋 + 能量环

（1）提示词

简约智能家居Logo，抽象几何房屋轮廓，外围环绕半透明发光能量环，渐变科技蓝色（#3A7BD5至#00D2FF），圆润边缘设计体现安全感，动态微光效果，透明层次感，扁平化矢量风格，背景纯净，未来感与亲和力平衡。

（2）补充细节（可选追加）

- **风格强化**：极简主义，无衬线字体搭配，适合科技公司。
- **材质**：轻微磨砂玻璃质感，边缘柔光。
- **禁忌**：避免复杂纹理，拒绝拟物化。

2. 方案5：莫比乌斯环家居

（1）提示词

智能家居Logo，莫比乌斯环造型象征无限互联，环带中嵌入抽象房屋图标，哑光金属质感（主色#2E86AB），柔光边缘过渡，点缀生态绿色（#4CAF50）传递安全可持续，低多边形（Low Poly）科技纹理，简约现代，适合高端品牌。

（2）补充细节（可选追加）

- **结构优化**：环带厚度均匀，房屋户型清晰可辨。
- **动态感**：环体带有细微流光粒子，暗示智能流动。
- **适配场景**：深色背景测试，确保对比度。

3. 使用建议

（1）即梦AI参数设置

- **比例**：1∶1（正方形）。
- **风格**：勾选矢量插画或扁平设计。
- **生成数量**：首次建议生成4～6组，筛选后优化关键词微调。

（2）迭代方向

- 若能量环不够突出，追加：能量环强度+20%，半透明荧光效果。
- 若莫比乌斯环变形，追加：精准几何比例，3D等距视角。
- 通过以上提示词，可高效生成兼具设计意图与落地性的Logo方案。

步骤05 打开即梦AI，进入"图片生成"界面，在左上角的输入框中输入提示词："智居Logo，抽象几何房屋轮廓，外围环绕半透明发光能量环，渐变科技蓝色（#3A7BD5至#00D2FF），圆润边缘设计体现安全感，动态微光效果，透明层次感，扁平化矢量风格，背景纯净，未来感与亲和力平衡"。

步骤06 输入提示词后，图片默认比例为1∶1，单击"立即生成"按钮。系统将根据描述自动生成创意图像，效果如图2-27所示。

图 2-27

步骤07 在左上角的输入框中输入提示词："智居Logo，抽象几何房屋轮廓，外围环绕半透明发光能量环，渐变科技蓝色（#3A7BD5至#00D2FF），圆润边缘设计体现安全感，动态微光效果，透明层次感，扁平化矢量风格，背景纯净，未来感与亲和力平衡"。

步骤08 提示词输入后，默认图片比例为1∶1，单击"立即生成"按钮。系统将根据描述自动生成创意图像，效果如图2-28所示。

图 2-28

第 **3** 章

视觉通识：
图形图像必备知识

　　本章对图形图像的相关知识进行系统讲解，这些知识不仅是进行作品创作的基础，也是运用DeepSeek技术进行图形图像生成与处理的重要支撑。无论是在创意构思阶段对色彩和构图的运用，还是在图像制作过程中对图像类型、参数和格式的选择，都将更加得心应手，从而创作出更具视觉冲击力和实用性的图形图像作品。

3.1 色彩理论与应用

在图形图像领域，色彩作为核心要素，对视觉传达起着至关重要的作用。它不仅是构成图像的基本元素之一，更是情感表达、信息传递和文化内涵的重要载体。

3.1.1 色彩三要素

色彩三要素，即色相、明度与饱和度，构成色彩的基本属性。

1. 色相

色相是色彩的基本属性，指颜色的"名称"或"种类"，如红、黄、蓝等，由光的波长决定，是区分不同颜色的核心特征，图3-1所示为常见的色相。

图 3-1

2. 明度

明度指色彩的相对明暗程度，其范围从纯黑（0%明度）到纯白（100%明度），如图3-2所示。色彩的明度变化有两种情况，一是不同色相之间的明度差异，二是同色相的明度变化。

图 3-2

（1）不同色相之间的明度差异

不同色相具有不同的明度等级，表3-1所示为标准色相明度排序。

表3-1

色相	色值（十六进制）	相对明度	视觉表现
黄	#FFFF00	93%	最亮
青	#00FFFF	87%	次亮
绿	#00FF00	72%	中等偏亮
红	#FF0000	30%	中等偏暗
蓝	#0000FF	11%	最暗之一
紫	#800080	13%	最暗之一

（2）同色相的明度变化

通过添加黑色或者白色可以改变单一颜色的明度，形成明度梯度，表3-2所示为以蓝色（H=240°）为例的明度梯度。

表3-2

明度	色值（十六进制）	HSB值	视觉应用场景
100%	#BFBFFF	240°, 25%, 100%	高光反射区
70%	#6666FF	240°, 60%, 100%	UI 按钮焦点状态

（续表）

明度	色值（十六进制）	HSB值	视觉应用场景
50%	#0000FF	240°, 100%, 100%	标准饱和蓝
30%	#000099	240°, 100%, 60%	暗调背景
10%	#000033	240°, 100%, 20%	接近黑色的深蓝

知识链接

　　明度是色彩三要素中唯一可以独立于色相和纯度存在的属性，如黑白照片仅通过明度表现画面。

3．饱和度（纯度）

　　饱和度也称为纯度，是指颜色的鲜艳程度，从灰度（0%）到完全饱和（100%），控制视觉冲击力，如图3-3所示。在设计中，高纯度可以吸引注意力，例如警示牌，低纯度则具有高级感，例如莫兰迪色系，低饱和度的色彩搭配给人一种柔和、优雅的感觉。

图 3-3

3.1.2　色彩模式对比

　　常见的色彩模式有RGB、CMYK、HSB、灰度、Lab等，它们各有特点与适用场景，具体如下。

1．RGB 模式

　　RGB模式是一种加色模式，在RGB模式中，R（Red）表示红色，G（Green）表示绿色，B（Blue）表示蓝色，每个颜色通道的取值范围为0～255。

　　从原理上来说，当R、G、B三种颜色通道的值都为0时，呈现的颜色是黑色；各通道数值增大时，对应颜色光的强度线性增加。例如，红色+绿色=黄色、绿色+蓝色=青色、蓝色+红色=品红色，当R、G、B的值都为255时，混合在一起颜色为白色，这是因为RGB模式基于光的叠加原理，每增加一种颜色的光，整体亮度就会增加，所以被称为加色模式。图3-4所示为RGB模式颜色混合示意图。该模式不仅适用于显示器、电视屏幕、投影仪等以光为基础显示颜色的设备，还广泛应用于数字图像编辑软件（如Photoshop等）、网页设计等领域。

图 3-4

2．CMYK 模式

　　CMYK模式是一种减色模式，在该模式中，C（Cyan）表示青色、M（Magenta）表示品红色、Y（Yellow）表示黄色、K（Black）表示黑色。

该模式的原理是通过反射某些颜色的光并吸收另外颜色的光来产生各种不同的颜色。具体来说，青色+品红=蓝色、青色+黄色=绿色、品红+黄色=红色，当C、M、Y三色混合在一起时，理论上颜色应为黑色，但由于油墨的特性，实际混合难以得到纯正的黑色，所以需要额外加入黑色（K）油墨。在实际印刷中，黑色（K）不仅是为了增加颜色深度，还用于弥补CMY三色混合无法达到纯正黑色的不足。图3-5所示为CMYK模式颜色混合示意图。该模式适用于传统的四色印刷工艺，包括书籍、海报、包装等各种纸质媒体的印刷制作。

图 3-5

3．HSB 模式

HSB模式基于人类对颜色的直观感知，将色彩分解为三个维度。

- **色相（Hue）**：颜色类型（0°～360°环形分布，红=0°，黄=60°，绿=120°等）。
- **饱和度（Saturation）**：颜色的纯度或强度（0%=灰色，100%=全饱和）。
- **亮度（Brightness）**：颜色的明暗程度（0%=纯黑，100%=最亮）。

在Photoshop、Illustrator等软件的"拾色器"

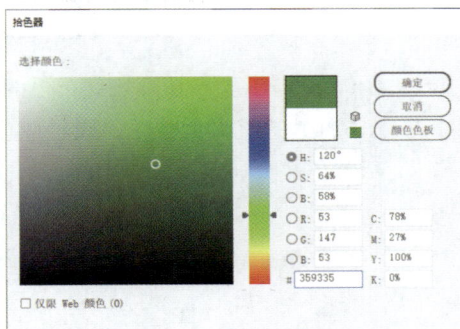

图 3-6

中，HSB模式通常是默认的颜色类型，如图3-6所示，用户可以通过拖动滑块或输入数值来调整色相、饱和度和亮度，从而选择所需的颜色。

知识链接

HSB模式也被称为HSV模式（Value表示亮度，与Brightness含义一致）。

4．灰度模式

灰度模式是一种仅使用亮度（明暗）来表示图像的颜色模式，不包含任何色相或饱和度信息。它将彩色图像转换为由黑、白及中间灰色阶组成的单色图像，如图3-7所示。在灰度模式中，每个像素的亮度值以百分比表示，范围为0（黑色）～100%（白色）。例如，当一个像素的亮度值为0时，它在图像中呈现为纯黑色；亮度值为100%时，则呈现为纯白色；两者之间的不同百分比数值对应不同程度的灰色。该模式适用于单色输出，例如黑白照片、新闻报纸印刷等不需要彩色信息的场景。

图 3-7

5. Lab 模式

Lab模式是一种基于生理色彩感知的颜色模型，由国际照明委员会（CIE）于1976年制定，旨在提供一种与设备无关、与人类视觉感知高度一致的颜色表示方法。Lab模式组成如下。

- **L（明度）**：表示颜色的亮度，范围为0（完全黑色）～100（完全白色）。该通道主要用于控制图像的明暗程度，类似于在黑白照片中调整黑白的程度。
- **a（色彩）**：表示从绿色到红色的颜色范围，取值范围为-128（绿色）～127（红色）。当a通道的值为负数时，表示绿色成分居多，如图3-8所示；当a通道的值为正数时，表示红色成分居多，如图3-9所示；当a=0时，没有红绿成分。

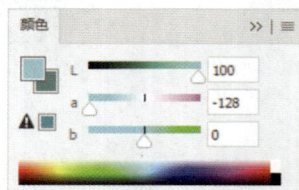 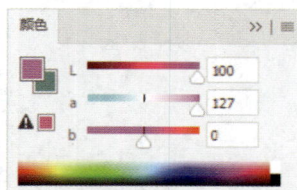

图 3-8   图 3-9

- **b（色彩）**：表示从蓝色到黄色的颜色范围，取值范围也是-128（蓝色）～127（黄色）。当b通道的值为负数时，表示蓝色成分居多，如图3-10所示；当b通道的值为正数时，表示黄色成分居多，如图3-11所示；当b=0时，没有蓝黄成分。

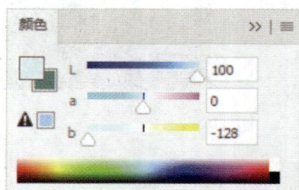 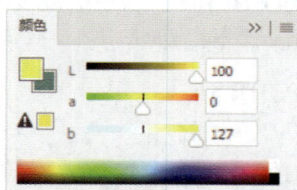

图 3-10   图 3-11

3.1.3 色彩常见搭配方案

色相环是将可见光谱中的颜色按规律排列的圆形图表，是色彩搭配的理论基础。常见的色相环有6色、12色和24色。12色色相环包括12种颜色，分别由原色、间色和复色组成。

- **原色**：最基本的三种颜色，即红、黄、蓝，如图3-12所示。它们不能通过其他颜色混合得到，是混合出其他颜色的基础。
- **间色**：由两种原色混合而成的颜色，如红+黄=橙；黄+蓝=绿；红+蓝=紫，如图3-13所示。
- **复色**：由原色和间色混合而成。复色的名称一般由两种颜色组成，如红橙、黄橙、黄绿、蓝绿、蓝紫、紫红，如图3-14所示。

图 3-12   图 3-13   图 3-14

知识链接

表3-3为12色色相环的标准色值（基于sRGB色彩空间），可以作为绘图时的参考。

表3-3

色相名称	色值（十六进制）	RGB	CMYK	色相角度
红色	#FF0000	255, 0, 0	0, 100, 100, 0	0°
红橙色	#FF4500	255, 69, 0	0, 73, 100, 0	30°
橙色	#FFA500	255, 165, 0	0, 35, 100, 0	60°
黄橙色	#FFD700	255, 215, 0	0, 16, 100, 0	90°
黄色	#FFFF00	255, 255, 0	0, 0, 100, 0	120°
黄绿色	#9ACD32	154, 205, 50	26, 0, 76, 20	150°
绿色	#008000	0, 128, 0	100, 0, 100, 50	180°
蓝绿色	#20B2AA	32, 178, 170	83, 0, 4, 30	210°
蓝色	#0000FF	0, 0, 255	100, 100, 0, 0	240°
蓝紫色	#8A2BE2	138, 43, 226	39, 81, 0, 11	270°
紫色	#800080	128, 0, 128	0, 100, 0, 50	300°
红紫色	#C71585	199, 21, 133	0, 89, 33, 22	330°

色彩搭配是设计中至关重要的部分，不同的搭配方式可以传达不同的情感和氛围。以下是几种常见的色彩搭配方式。

（1）单色搭配

单色搭配即选取单一色相，通过调整其明度和纯度来构建整个页面的色彩体系，图3-15所示为蓝色系单色搭配。由于色彩的一致性，页面给人和谐、稳定的感觉，不会因过多色彩干扰用户注意力，适用于高端品牌设计、极简风格界面以及需要突出内容而非色彩的设计场景等。

（2）互补色

互补色是指在色相环上180°相对的两种颜色，如红色和绿色、蓝色和橙色、黄色与紫色等，图3-16所示为蓝色和橙色搭配。互补色搭配产生强烈的对比效果，能够迅速吸引观众的注意力，适用于需要突出重点、制造视觉冲击力的设计场景。

图 3-15

图 3-16

（3）对比色

对比色是指在色相环上相距较远但不完全相对的颜色，通常在色相环中夹角为120°～150°，如红色与蓝色、黄色与蓝紫色、绿色与橙色等，图3-17所示为红色和蓝色搭配。对比色搭配可以为设计增添活力和动感，适用于需要营造鲜明对比、展现动态效果的设计。

（4）相邻色

相邻色是指在色相环上相邻的两种颜色，如红色和橙色、橙色和黄色、黄色和绿色、绿色和蓝色等，图3-18所示为黄色和绿色搭配。相邻色搭配通常给人一种平静、统一的感觉，适合用于追求和谐、统一视觉效果的设计。

图 3-17

图 3-18

（5）分裂互补色

分裂互补色搭配是指选择一个基础颜色，然后选择与该颜色互补的两个相邻颜色进行搭配。如选定绿色为基础色，绿色的互补色为红色，在红色的两侧选择相邻的颜色，即红紫色和红橙色，因此，绿色的分裂互补色搭配就是绿色、红紫色和红橙色，其搭配效果如图3-19所示。分裂互补色搭配在提供对比的同时保持一定的和谐感，适用于需要对比与和谐共存的设计场景。

（6）矩形色

矩形色搭配使用色相环上相隔90°的四种颜色，例如红色、绿色、蓝色和橙色。矩形搭配提供强烈的对比和丰富的色彩组合，适用于需要丰富色彩组合和强烈对比的设计场景，如图3-20所示。

图 3-19   图 3-20

在色彩搭配中，占据面积最大和最突出的色彩为主色。主色是整幅画面的主题，占比为60%～70%；仅次于主色，起到补充作用的是副色，也称辅助色，可使整个画面更加饱满，占比为25%～30%；最后一部分为点缀色，点缀色不止一种，可以使用多种颜色，主要起到画龙点睛与引导的作用，占比为5%～10%。

3.1.4 色彩心理学

色彩心理学研究色彩对人类心理与情感的影响。不同色彩在情感表达方面具有显著差异，表3-4所示为常见颜色的情感表达与应用场景。

表3-4

色系	颜色	情感表达	应用场景
暖色系	红色	激情、危险、紧迫感	促销广告、警示标志、餐饮品牌
	橙色	活力、友好、创造力	儿童产品、创意行业、食品包装
	黄色	明亮、希望、注意力	教育、快消品、促销标签
冷色系	绿色	自然、环保、健康	环保健康、有机农产品、医疗保健
	蓝色	冷静、信任、科技感	科技产品、金融机构、社交媒体
	紫色	神秘、奢华、灵性	美妆、艺术、高端礼品
中性色	黑色	高端、权威、神秘	奢侈品、科技产品、极简设计
	白色	纯洁、简约、现代感	医疗、婚礼、科技品牌
	灰色	中立、专业、稳重	商务/工业设计/背景色

3.2 构图与视觉设计

构图是视觉表达的基础框架，决定了画面的平衡性、信息传递效率和情感感染力。合理的构图能够引导观众视线，增强视觉吸引力，使设计的作品能更有效地传达信息和情感。

3.2.1 常见构图解析

构图是视觉设计的"空间语法"，通过元素排列与比例控制构建视觉形式。以下是常见的构图类型及其应用场景。

1. 对称构图

对称构图的画面以中轴线为基准，左右或上下元素形成镜像或近似镜像的平衡关系。这种构图给人稳定、庄重、和谐之感，能将视线聚焦于画面中心，强化主体的表现力，如图3-21所示。对称构图适用于建筑摄影、平面设计、产品拍摄等场景。

图3-21

2．三分法构图

三分法构图将画面划分为3×3的网格，关键元素沿交叉点或分割线排布，避免居中带来的呆板感。三分法符合人眼的自然视觉习惯，能有效引导注意力，如图3-22所示。三分法构图适用于人像摄影、风景摄影以及网页设计等场景。

3．引导线构图

引导线构图是利用画面中的线条（显性或隐性）引导视线，形成视觉流动。道路、河流、建筑透视线等自然引导线可强化纵深感，如图3-23所示；人物视线、手势等隐性线条则能暗示情绪和故事走向。引导线构图适用于道路摄影、室内设计以及电商产品展示等场景。

图 3-22   图 3-23

4．框架构图

框架构图是借助画面中的物理框架（如门窗、拱廊）或虚拟框架（如光影、前景遮挡），将主体框在其中，以突出主体，增强画面的层次感与吸引力。框架的存在如同画中画，增加了画面的趣味性与故事感，如图3-24所示。框架构图适用于人文摄影、旅游摄影以及广告设计等场景。

5．负空间构图

负空间构图强调主体与周围空白空间（负空间）的关系，利用负空间衬托主体。负空间可呈现出与主体相关或有趣的形状，营造简洁、独特的视觉氛围，使主体更醒目，引发观众联想，增添画面的意境与艺术感，如图3-25所示。负空间构图适用于海报设计、Logo设计以及摄影艺术创作等场景。

图 3-24   图 3-25

6．黄金比例构图

黄金比例构图将画面按照黄金比例（约1：1.618）分割，主体位于黄金分割点或按黄金比例分布元素。它具有高度的和谐美感，符合人类长期形成的审美偏好，使画面在视觉上达到最佳平衡与协调，如图3-26所示。黄金比例构图适用于绘画艺术、产品外观设计以及网页设计等场景。

7．留白构图

留白构图的画面中留出大面积空白，以简洁的元素搭配少量主体。空白不一定是白色，可根据画面色调确定。它营造简洁、宁静、空灵的氛围，使主体更加突出，给观众留下广阔的想象空间，增添画面的韵味，如图3-27所示。留白构图常用于中国传统书画绘制、平面设计以及UI设计等场景。

图 3-26

图 3-27

▎3.2.2 视觉层次与焦点引导

视觉层次和焦点引导是构图的核心技术，用于控制观众的视线流动，确保信息的高效传达。合理的视觉层次能让画面主次分明，焦点引导则决定观看路径，增强叙事性和视觉冲击力。

1．视觉层次的构建

视觉层次决定元素的重要性和观看顺序。可通过以下方式建立。

- **大小对比**：通过调整元素的大小来区分其重要性。较大的元素通常更吸引观众的注意力，因此适合放置主要信息，例如，在电商平台商品页面的Banner中，促销商品的图片比说明文字大2~3倍。
- **色彩对比**：利用色彩的明暗、饱和度等差异来突出关键元素。鲜艳、明亮的色彩往往更容易吸引眼球。例如，在交通安全标识中，采用醒目的黄色与黑色对比，让警示信息格外突出，如图3-28所示。
- **位置布局**：根据视觉习惯，将重要元素放置在画面的中心或视觉焦点位置，如黄金分割点等。例如，拍摄花朵时，把花朵置于拍摄画面的黄金分割点上，绿叶分布在其他区域，以吸引观众目光聚焦于花朵。

图 3-28

- **线条引导**：利用显性/隐性的视觉元素来引导观众的视线，使其按照预设的路径移动。例如，在人物摄影作品中，人物手部的动作方向、眼神方向等隐性引导线，会带领观众的目光从人物面部转移到其所关注的物体上，增强画面的故事性与互动感。

2．焦点引导的技术

焦点引导决定观众如何"阅读"图像，常见方法如下。

- **方向性元素**：利用箭头、手势、视线方向等具有明确指向性的元素来引导观众的视线。例如，在广告海报中，一个指向产品或优惠信息的箭头，能够迅速吸引观众的注意力，并引导其按照预设的路径浏览画面内容。
- **色彩聚焦**：通过突出某一区域的色彩，使其成为画面的视觉中心，从而引导观众的注意力。例如，UI设计中使用高饱和色突出"立即购买"按钮，如图3-29所示。
- **光影效果**：利用光影的对比和层次突出关键元素，形成视觉焦点。例如，通过逆光、侧光等手法强调物体的轮廓和质感。
- **构图法则**：运用三分法、对称构图、框架构图等构图法则来引导观众的视线，使其按照预设的路径移动。
- **动态元素**：在静态画面中加入动态元素，如飘动的旗帜、流动的水流等，可以吸引观众的注意力并引导其视线移动。

图 3-29

▌3.2.3　图像比例规范

图像比例规范是视觉创作的基础框架，尤其在AI图像生成领域，恰当的比例选择直接影响作品的最终表现效果。以下是常见图像比例及其特点与适用场景的详细介绍。

1．21：9

超宽画幅，提供极致横向视野扩展，常用于电影中展现宏大场景，游戏中让玩家获得更宽的视野，也适用于需大量信息展示或强调视觉冲击的宽屏网页设计。图3-30所示为21：9比例图像。

图 3-30

2. 16：9

行业标准宽屏比例，具有最优的设备适配性。适用于网络视频、视频封面/缩略图、网页设计等场景。该比例能够以最佳方式呈现内容，并为页面元素的合理布局提供支持。图3-31所示为16：9比例图像。

3. 3：2

经典的照片比例，接近黄金分割，具有良好的视觉平衡，能够营造出良好的视觉平衡感。因此，3：2的比例在摄影、海报设计以及杂志排版等方面备受青睐，有助于构建和谐画面，突出主体元素。图3-32所示为3：2比例图像。

图 3-31

图 3-32

4. 4：3

4：3是传统的计算机屏幕和照片比例，垂直空间利用率高，信息承载量大。在电商商品主图展示中能够完整呈现商品全貌；对于文档插图，也能够保证文档整体的美观性与专业性。图3-33所示为4：3比例图像。

5. 1：1

1：1比例也叫正方形比例，能够精准地将主体聚焦于画面中心，在社交媒体头像、产品细节展示以及品牌标识设计等场景应用广泛，有助于提升视觉识别度与记忆点，图3-34所示为1：1比例图像。

图 3-33

图 3-34

6. 3：4

3：4的比例为竖向比例，其纵向空间利用恰到好处，在展现垂直方向内容时能营造出沉稳且聚焦的视觉效果。适用于垂直视频、社交媒体故事、手机壁纸等场景。图3-35所示为3：4比例图像。

7. 2：3

2：3的比例为竖向比例，在展示竖向内容方面独具优势，可有效突出画面的垂直感。适用于竖向照片、部分网页设计、手机应用界面等场景。图3-36所示为2：3比例图像。

8. 9：16

9：16的比例为竖向比例，高度适配手机竖屏浏览模式，最大化利用手机屏幕空间。适用于短视频制作、手机信息流广告以及直播封面等场景，通过突出垂直元素吸引用户，提高信息传播效率。图3-37所示为9：16比例图像。

| 图 3-35 | 图 3-36 | 图 3-37 |

3.3 图像类型与参数

图像作为视觉信息的重要载体，其类型与参数直接影响视觉效果、文件大小及应用场景。下面从图像类型和关键参数两方面展开详细说明。

3.3.1 位图与矢量图

位图与矢量图是数字图像的两种基本形式，它们在构成原理、优势、局限性和应用场景方面存在显著差异。表3-5详细对比了这两种图像类型的主要特征。

表3-5

特性	位图	矢量图
构成原理	由像素点阵构成，每个像素存储颜色信息	由数学公式定义的几何图形
优势	色彩丰富，适合表现复杂光影	无限缩放不失真，文件体积小
局限性	放大后易失真，文件体积大	难以表现细腻色彩过渡，复杂图像支持有限
应用场景	摄影、数字绘画、网页图像	图标、Logo、字体

3.3.2 分辨率、DPI和清晰度

分辨率、DPI和清晰度是衡量图像质量的三个核心参数，它们共同决定图像在不同应用场景的表现效果。表3-6所示为三个参数的定义与影响。

表3-6

参数	定义	影响
分辨率	图像的像素总数	决定图像的细节丰富度，分辨率越高越清晰
DPI	每英寸的像素点数	决定图像的打印精度
清晰度	图像边缘的锐利程度	受分辨率、压缩算法、显示设备共同影响

3.4 文件格式与输出

在数字图像处理中，文件格式的选择与优化直接影响图像质量、体积及兼容性。根据应用场景精准选择格式并优化压缩，可在保证视觉效果的同时提升存储与传输效率。

3.4.1 常见图像格式解析

不同的文件格式具有各自独特的技术特性和适用场景。根据图像类型和应用需求，可以将常见格式分为以下几类。

1．位图格式

位图格式通过像素矩阵记录图像信息，适合表现复杂的色彩和细节。

- **JPEG/JPG**：采用有损压缩算法，支持24位真彩色。其压缩比可调（5∶1～15∶1），但不支持透明通道。常用于网络图片和数码照片存储。
- **PNG**：使用无损压缩技术，支持Alpha通道透明度。提供PNG-8（256色）和PNG-24（真彩色）两种模式，文件体积相对较大，是网页图形和透明图像的首选格式。
- **GIF**：基于LZW无损压缩，仅支持256色索引颜色。其独特的动画支持和简单透明特性，使其成为网页小动画和简单图标的理想选择。
- **WebP**：Google公司开发的新一代格式，同时支持有损和无损压缩。相比JPEG格式，体积可减小25%～35%，支持透明通道，正逐步提升浏览器兼容性。

2．矢量格式

矢量格式通过数学公式描述图形，具有无限缩放不失真的特性。

- **SVG**：基于XML的开放标准格式，完全可缩放且支持脚本交互。文件体积极小，特别适合响应式网页设计和UI图标。
- **EPS**：印刷行业的通用矢量标准，可包含位图和矢量信息，是专业出版和印刷设计的首选交换格式。
- **PDF**：Adobe公司开发的通用文档格式，完美保留矢量图形和文字信息，支持多层结构和丰富元数据。

3．专业格式

满足专业领域特殊需求的高质量格式。

- **TIFF**：采用无损压缩技术，支持多种色彩模式和图层，是专业摄影和出版印刷的首选存档格式。
- **RAW**：相机传感器原始数据，包含完整的图像信息。各厂商有自己的RAW格式（如CR2/NEF），需专业软件处理。
- **PSD**：Adobe Photoshop软件的原生格式，完整保留图层、蒙版等编辑信息，是图像设计的标准工作格式。

4．视频与动态图像格式

- **MP4**：基于H.264/H.265编码，具有优秀的压缩效率。支持透明通道（通过HEVC），是网络视频的主流格式。
- **MOV**：苹果公司开发的QuickTime容器格式，支持多种编码格式。常用于视频编辑和高质量视频存储。
- **AVI**：微软公司开发的视频容器格式，兼容性好但压缩效率较低。适合本地视频存储和简单视频编辑。

3.4.2　格式选择与压缩优化

根据应用场景合理选择图像格式，并对其进行优化压缩，可在保证图像质量的同时最大化压缩效率，减小文件体积，提升存储和传输效率。以下是一些关键建议。

1．格式选择决策指南

在实际的数字图像处理与应用中，针对不同场景选择合适的图像格式至关重要。不同的格式具有各自独特的技术特性和优势，同时也存在一些需要注意的局限性。表3-7所示为不同应用场景的推荐格式、关键优势以及注意事项。

表3-7

应用场景	推荐格式	关键优势	注意事项
网页图片	WebP, JPEG	高压缩比，快速加载	WebP 需检查浏览器的兼容性
透明背景图形	PNG, WebP	支持 Alpha 通道，无损透明	PNG-24 文件较大，可优化为 PNG-8
动态图像 / 表情包	GIF	支持动画，兼容性好	超过 10 帧的动画建议改用视频格式
矢量图形 /UI 图标	SVG	无限缩放，体积极小	复杂图形可能渲染较慢
印刷 / 出版	TIFF, PDF	无损质量，支持 CMYK	TIFF 文件较大，PDF 更适合多页文档
摄影后期 / 存档	RAW, PSD	保留完整图像数据，可编辑性强	RAW 需专业软件处理
视频 / 动态内容	MP4 (H.265)	高压缩率，支持透明通道（HEVC）	H.265 需硬件解码支持

2．压缩优化策略

确定了合适的图像格式后，进一步对图像进行压缩优化是提升存储和传输效率的关键步骤。不同的压缩策略适用于不同类型和需求的图像。

（1）有损压缩

对于JPEG和WebP等支持有损压缩的格式，在保持图像质量可接受的范围内，尽量提高压缩比，以减小文件大小。例如，在网页图片展示中，通过适当调整JPEG的压缩质量参数，可以在不影响用户视觉体验的前提下显著减小图片大小，加快网页加载速度。

（2）透明通道优化

对于包含透明通道的图像（如PNG和GIF），优化透明区域，减少不必要的细节，以减小文件体积。例如，在设计网页按钮时，对于透明背景部分，去除多余的透明像素，能有效减小PNG文件的大小。

（3）多格式存档

对于需要保留高质量原始数据的图像（如RAW格式），在不影响编辑和后期处理的前提下，可以转换为更通用的格式（如TIFF或JPEG）进行存档和分享。这样既能保证图像数据的安全性，又能方便在不同设备和软件中进行查看和使用。

（4）矢量图形简化

对于矢量图形，在保证视觉效果的前提下，尽量简化路径和颜色，以减小文件体积。在制作复杂的UI图标时，通过合并路径、减少颜色数量等操作，可以使SVG文件更加简洁，提高渲染速度。

（5）视频编码优化

利用视频编辑软件对视频进行编码优化，调整帧率、比特率和分辨率等参数，在保持视觉效果的前提下，尽量减小文件大小。例如，在网络视频传播中，根据目标受众的网络带宽和设备性能，合理设置MP4视频的编码参数，既能保证视频的流畅播放，又能降低存储和传输成本。

3.5 实战演练：优化图像尺寸

本练习使用Photoshop软件，在保证图像质量的前提下，优化并压缩用于文章插图的文件大小，具体操作步骤如下。

步骤 01 在Photoshop中打开如图3-38所示的图像。

图 3-38

步骤 02 执行"文件"|"导出"|"导出为"命令，在弹出的"导出为"对话框中设置文件的格式、图像大小、缩放比例等参数，将其大小控制在300KB以内，如图3-39所示。

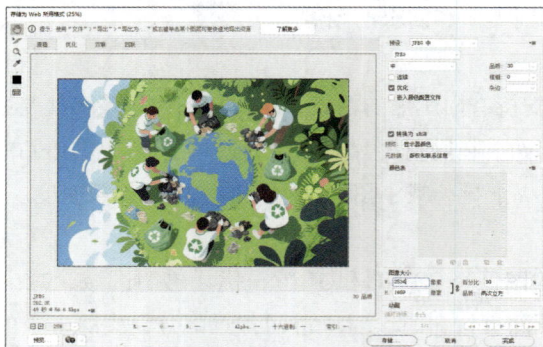

图 3-39

步骤 03 单击"存储"按钮，在弹出的"将优化结果存储为"对话框中设置文件名与存储类型，设置完成后单击"保存"按钮，如图3-40所示。

步骤 04 在存储的路径文件夹中可查看图像优化前后文件大小的对比，如图3-41所示。

图 3-40

图 3-41

知识链接

　　在网页设计中，配图的推荐文件大小并非固定不变，而是会受多种因素影响。以下为常用的图片用途及对应的适宜文件大小。

- **背景图片**：一般而言，背景图片的文件大小不宜超过2MB，理想状态是控制在 500KB 左右。若文件过大，页面加载速度会显著下降，极大地影响用户体验。

- **主页/网站横幅**：通常建议这类图片的文件大小为300KB～1MB。常见的电商网站主页横幅，将其控制在500KB左右，便能在多种设备上实现快速加载。

- **文章插图**：文章插图的文件大小建议控制在100～500KB。若有多张配图，每张插图控制在300KB左右，既能保障图片质量，又可避免整个页面加载迟缓。

- **产品图片**：在电商平台等场景中，产品图片一般以300KB左右为佳。

- **缩略图**：视频平台的视频缩略图、新闻网站的文章缩略图等，文件大小通常在几十KB。较小的文件大小能让用户在短时间内浏览众多缩略图，迅速定位到感兴趣的内容。

- **图标**：像网站图标、功能图标这类图标，文件大小通常在10KB以内，一些简单图标甚至仅有几KB。较小的图标文件可减少网页资源占用，有效提升网页响应速度。

第 4 章

文生图：
提示词与图像生成

　　本章深入讲解提示词的构建技巧、参数调整对生成效果的影响，以及不同应用场景中的优化策略，运用DeepSeek等AI技术，实现从文字到图像的完美转化，提升作品的视觉表现力和实用性。通过学习本章内容，读者将全面了解提示词在图像生成中的核心作用，掌握如何通过精准的语言描述激发AI模型的创造力，从而生成高质量的图像作品。

4.1 文生图基础入门

文生图（Text-to-Image）是指通过人工智能技术，将自然语言描述（文本）自动转化为对应图像的过程。

▌4.1.1 传统绘画与AI绘画对比

在探讨文生图技术时，传统绘画与AI绘画的对比是理解技术革新与艺术演进的关键。下面从创作本质、能力特性、艺术风格以及社会影响等方面进行介绍。

1．创作本质

传统绘画的核心在于创作者通过自身的情感、思想、经历以及对世界的观察和感悟，运用绘画技巧将内心的意象转化为可见的艺术作品。这一过程具有以下特点。

- **主观表达：**强调创作者个人的情感和思想，每幅作品都承载着独特的灵魂。
- **创作流程：**从构思、草图到实际创作，需要反复调整笔触和色彩。
- **不确定性：**创作过程受创作者情绪、状态等因素影响，充满创造性。

AI绘画（文生图技术）的核心是基于深度学习算法，其特点如下。

- **数据驱动：**通过对海量图像数据的学习，将文本描述转化为图像。
- **自动化流程：**用户输入文本，通过AI解析然后生成图像，过程快速且可重复。
- **局限性：**缺乏人类情感的直接注入，创造性受限于训练数据。

传统绘画是情感导向的主观创作，AI绘画是数据驱动的客观生成，二者在创作逻辑上存在本质差异。

2．能力特性

从工具、成本到学习难度，传统绘画与AI绘画在技术实现上截然不同。

（1）工具与媒介

传统绘画需要使用各种绘画工具和材料，如画笔、颜料、画布、纸张等。不同的工具和材料会产生不同的绘画效果，创作者需要熟练掌握各种工具的特性，以便更好地表达自己的创作意图。

AI绘画则主要依托计算机硬件和AI绘画软件或平台，如即梦AI、豆包等。用户需要掌握这些工具的使用方法和参数设置，以便生成符合自己需求的图像。

（2）成本与门槛

传统绘画的创作成本包括购买绘画工具和材料的费用，以及创作者投入的大量时间和精力成本。对于高质量、复杂的绘画作品，还需要支付画师较高的报酬，因此人力成本较高。

AI绘画前期需要投入资金进行模型研发、数据收集和处理，以及计算机硬件设备的购置。但在模型建立后，生成图像的成本较低，特别是对于大量图像的生成需求，能够显著节省人力成本。

（3）学习曲线

传统绘画需要长期的学习和实践，掌握绘画基础技能，如素描、色彩理论、构图等，还需要不断提升自己的艺术修养和审美水平。对于没有绘画基础的人来说，入门难度较大。

AI绘画只需要用户了解基本的操作方法和文本描述的技巧就可以快速上手生成图像。虽然不同的AI绘画工具和平台有不同的操作方法和参数设置，但总体来说，学习门槛相对较低。不过，要熟练掌握并生成高质量、符合自己创意的图像，也需要一定的学习和实践。

3．艺术风格

传统绘画历经发展，形成众多风格流派，从古典主义的庄重典雅，到现代主义的多元创新，每种风格都带有时代和艺术家个人的印记。这些传统绘画风格与创作者的个人经历、文化背景与情感表达方式有关，具有不可复制性。图4-1所示为张大千的《泼墨山水》。

AI绘画通过深度学习海量图像数据，获得了快速模仿多种艺术风格的技术能力。无论是西方油画、中国水墨画还是数字像素风格，都能在指令下达后即刻生成。图4-2所示为复刻的张大千泼墨山水风格。然而在艺术表达的深度与原创性方面，AI绘画与传统绘画仍存在本质差异。AI生成的作品往往缺失艺术家在创作过程中赋予的情感温度和思想深度，其风格表现主要基于对训练数据的模式识别与重组，难以企及传统绘画所承载的文化厚度和艺术家独特的精神追求。

图 4-1

图 4-2

4．社会影响

AI绘画的普及不仅改变了艺术行业，也引发了伦理、法律和就业问题。

（1）行业变革

在传统插画、设计行业，AI绘画的出现带来了巨大的冲击。以往需要大量人力和时间完成的插画和设计任务，如今借助AI绘画技术可以在短时间内快速生成。这使得部分低端需求逐渐被AI所代替，一些从事简单插画和设计工作的人员面临失业的风险。但与此同时，AI绘画也催生了一些新的职业，例如，AI艺术指导、Prompt工程师等。

此外，AI绘画还为艺术家提供了新的创作工具和思路。许多艺术家开始尝试将AI绘画与传统绘画相结合，利用AI生成一些初步的创意和元素，然后再进行手工加工和完善，从而拓展自己的创作边界，创造出更加丰富多彩的艺术作品。

（2）争议与挑战

AI绘画的发展引发了一系列激烈的争议和挑战。其中，AI训练数据是否侵犯了原创艺术家的权益是一个备受关注的问题。AI绘画模型需要大量的图像数据进行训练，而这些数据往往来源于互联网上的各种图片资源。如果这些图片未经授权就被用于训练AI模型，那么是否侵犯了原作者的著作权呢？目前，这一问题在法律上还存在一定的模糊地带，需要进一步完善相关法律法规来加以规范。

另一个争议的焦点是机器生成的作品算不算艺术。一些人认为，艺术是人类情感和创造力的表达，而AI绘画缺乏人类的情感和主观意识，其生成的作品只是算法和数据的产物，不能称之为真正的艺术。另一些人则认为，AI绘画展现了一种新的艺术形式和创作方式，它具有独特的审美价值和技术魅力，应该被纳入艺术的范畴。

总体来说，传统绘画与AI绘画并非对立关系，而是艺术与技术演进的两个维度。AI绘画是工具创新，而非艺术本质的颠覆。二者未来有可能通过"人机协作"的方式实现价值最大化。

知识链接

Prompt工程师是专门研究如何通过文本指令（Prompt）优化AI生成结果的专家，尤其在文生图领域扮演着关键角色。

4.1.2 文本到图像的生成架构解析

文本到图像的生成技术融合了自然语言处理（NLP）与计算机视觉（CV）的前沿成果，其核心架构基于扩散模型与Transformer的协同工作。下面进行详细解析。

1. 扩散模型（Diffusion Model）

扩散模型通过两阶段过程实现图像生成，核心思想是模拟从"噪声"到"图像"的逐步还原过程。

- **前向扩散**：逐步向图像添加高斯噪声，直至图像完全随机化（如纯噪声）。
- **反向去噪**：训练神经网络学习从噪声中逐步还原图像。

扩散模型生成的图像具有细节丰富、色彩自然的特点，并且能够支持生成高分辨率图像。同时，它的训练过程相对稳定，还可以通过条件输入（如文本描述或者参考图像）来控制生成的内容。例如，当输入文本描述"江南水乡，细雨蒙蒙，青瓦白墙"时，扩散模型就能根据这个文本条件，在反向去噪过程中生成符合描述的图像，效果如图4-3所示。

图 4-3

2. Transformer 架构

Transformer架构通过自注意力机制捕捉全局依赖关系。

- **文本处理：** 将文本分割为单词，计算每个单词与其他单词的相关性。
- **图像处理：** 将图像分割为块（如16×16像素块），将块视为序列数据。

Transformer 架构特别擅长处理复杂的文本描述，例如包含多句话的长文本。它还具备同时处理文本和图像输入的能力，这为文本到图像生成任务提供了极大的便利。此外，Transformer 架构支持构建大规模的模型，模型的参数数量可以达到数十亿甚至更多，这使得模型能够学到更丰富、更复杂的模式，从而提升文本到图像生成的质量和效果。

> **知识链接**
>
> 近年来，我国在AI生成领域发展迅猛，涌现出一批具有自主知识产权的文生图模型。以下是部分代表性成果。
>
> - **文化增强架构：** 华为诺亚方舟实验室的"悟空"模型内置中华文化知识图谱，如自动关联"梅兰竹菊"等意象。支持古诗词直接生成画面，如输入"大漠孤烟直"生成边塞图景。
> - **多模态融合架构：** 中国科学院自动化研究所的"紫东·太初"是全球首个三模态（文本+图像+语音）生成系统，可以使用方言语音输入生成地域特色图像，如粤语生成岭南建筑。
> - **轻量化部署方案：** 百度的"文心ERNIE-ViLG"移动端优化版本仅1.2GB，支持离线生成国风图像，如水墨画、剪纸风格。

▌4.1.3　常见应用场景

文生图技术的应用场景非常广泛，几乎涉及各行各业。以下是一些常见的应用场景，涵盖商业、娱乐、教育、艺术等领域。

1. 创意设计与广告营销

- **广告创意：** 快速生成产品宣传图、海报、横幅广告，减少设计师的重复劳动。
- **品牌视觉：** 根据品牌调性生成符合风格的插画、Logo、IP形象等。
- **社交媒体内容：** 为小红书、抖音、微博等平台生成吸引眼球的配图或封面。

2. 游戏与影视行业

- **概念艺术：** 快速生成游戏角色、场景、道具的草图，加速前期美术设计。
- **影视分镜：** 根据剧本描述自动生成分镜脚本，帮助导演和编剧实现剧本可视化。
- **虚拟世界构建：** 为元宇宙、开放世界游戏生成多样化环境，如山水、城市、科幻场景。

3. 电子商务

- **虚拟商品展示：** 生成不同风格的产品图，如"汉服模特图""国风茶具"，降低拍摄成本。
- **个性化推荐：** 根据用户喜好生成定制化商品展示，如"电竞风+懒人沙发+星空顶"，生成场景化推荐。
- **AI试衣/试妆：** 通过文字描述生成不同穿搭或妆容效果，提升购物体验。

4．教育与出版

- **教材插图：** 根据课文内容自动生成配图，如古诗词意境、历史场景还原。
- **儿童绘本：** 输入故事大纲，AI可生成连贯的插画，辅助用户进行内容创作。
- **语言学习：** 用图像帮助用户记忆单词，如输入"阳光海滩"生成对应场景。

5．艺术创作与IP开发

- **数字艺术：** 艺术家输入抽象概念，如"赛博朋克山水"，AI辅助创作新颖风格。
- **NFT生成：** 批量生成独特风格的数字藏品，如国潮风、像素艺术。
- **动漫/漫画：** 自动生成角色设定图、分格漫画，提高创作效率。

6．建筑与工业设计

- **建筑概念图：** 输入描述，AI快速生成多视角渲染图与结构分析图，如输入"未来感生态建筑：垂直森林＋碳纤维曲面结构＋光伏玻璃幕墙"。
- **室内设计：** 根据描述生成装修风格参考，如输入"90㎡小户型，猫宠友好设计：隐藏式猫道＋防抓沙发"。
- **产品原型：** 工业设计师用文字描述生成3D模型渲染图，如输入"可折叠钛合金露营灯，极简军工风"。

7．个性化娱乐与社交

- **头像/表情包：** 输入风格指令，如"柴犬程序员拟人版"或"暴富熊猫表情包"，生成动态贴纸或GIF。
- **AI写真：** 上传照片＋文字描述，生成艺术照或虚拟偶像形象，如"敦煌飞天妆造"。
- **互动故事：** 在社交平台用AI生成剧情插图，增强用户参与感，如输入"古风仙侠相遇场景"。

8．文化传承与创新

- **传统艺术再创作：** 生成水墨画、剪纸、皮影等非遗风格作品。
- **历史复原：** 如输入"唐代长安城"，AI还原古代建筑与市井风貌。
- **方言文化：** 结合方言生成地域特色图像，如输入潮汕方言"画个厝角头"生成嵌瓷屋顶的岭南民居。

9．医疗与科普

- **医学可视化：** 将复杂的病理描述转换为直观示意图，如"心脏瓣膜病变过程"。
- **科普插图：** 为科普文章生成宇宙、微观世界等难以拍摄的图像，如"黑洞吞噬恒星"。

动手练 个性头像生成

下面使用即梦AI生成个性化头像，具体操作步骤如下。

步骤 01 打开即梦AI，进入"图片生成"界面，在左上角的输入框中输入提示词："元气少女在彩虹文件堆高举双手欢呼，荧光蝴蝶群环绕发梢飘动，半透明云朵气泡背景中浮现'加油'文字，高饱和度渐变配合动态粒子光效"。

步骤 **02** 输入提示词后，设置图片比例为1∶1，单击"立即生成"按钮。系统将根据描述自动生成创意图像，生成的图像效果如图4-4所示。

图 4-4

步骤 **03** 单击任意一张生成的图像，即可查看详细效果，如图4-5所示。

图 4-5

4.2 文生图提示词工程

提示词是文生图模型生成图像的核心输入，它决定了生成图像的质量、风格与契合度，是连接用户创意与AI绘画成果的桥梁。

4.2.1 结构化描述框架

在文生图创作中，提示词的质量直接决定了生成图像的效果。为了设计出高效、精准的提示词，可以采用经典的5W1H分析法，即围绕Who、What、When、Where、Why、How六个核心要素展开。

1．Who（主体）

图像的核心对象，包括人物、动物、物体等。其作用在于锁定画面焦点，避免AI自由发挥导致偏离主体。可以使用"特征＋属性＋状态"的描述格式，例如"一位扎高马尾的少女（特征），身穿碳纤维机甲（属性），右臂有破损裂纹（状态）"。通过这种细致的描述，能让AI清晰地识别出图像主体的关键特征，进而准确地在生成图像中呈现。

2．What（对象）

图像中的具体内容或动作，用于描述场景的核心事件。明确这一要素能够避免生成模糊不清的场景。可采用"*动作/状态+对象/事件*"的描述格式，例如，"*一只猫（对象）正在跳跃（动作），背景是破碎的玻璃窗*"。通过这种描述，AI便能理解图像中关键元素的动态以及相关背景信息，从而生成符合要求的画面。

3．When（时间）

图像的时间背景，包括时间段（如早晨、夜晚）或季节（如冬季、夏季）。该要素能有效增强图像的时间氛围感。可采用"*时间段/季节+环境/事件*"的描述格式，例如，"*黎明时分（时间段），海面（环境）被朝霞染成橙红色*"。通过对时间和相关环境变化的描述，让AI为生成的图像营造出特定时间点所具有的独特氛围。

4．Where（场景）

图像的空间背景，如地点（森林、城市）或环境（室内、室外）。提供场景的上下文，增强真实感。可以使用"*地点+环境/氛围*"的描述格式，例如，"*热带雨林（地点），阳光（环境）透过树叶洒下光斑*"。通过这种描述，可以让AI知晓图像发生的具体空间环境，从而生成更具真实感和代入感的场景。

5．Why（意图）

图像背后的动机或情感，通常通过氛围、情绪或隐喻表达。赋予图像更深层的意义或情感共鸣。可采用"*情感/氛围+对象/事件*"的描述格式，例如，"*破碎的镜子（对象）反射出多个自己（事件），表达自我认同的困惑（情感）*"。通过这种方式，AI在生成图像时能够将抽象的情感融入具体的画面元素中，使图像更具内涵。

6．How（动态/技术/风格）

图像的表现方式，包括风格、视角、色彩、构图等。其目的是控制图像的视觉效果，确保画面效果符合预期。可采用"*风格/视觉/色彩/构图等+对象/事件*"的描述格式，例如，"*以梵高的印象派风格（风格）展现星空下的小镇（对象），色彩浓烈且笔触奔放*"。通过对表现方式的详细说明，AI能够按照指定的风格、色彩等要求生成图像，满足创作者对视觉效果的特定需求。

▌4.2.2　提示词优化技巧

提示词作为连接用户意图与生成模型的桥梁，其优化质量直接决定了输出图像的精准度、艺术性与可用性。

1．结构化分层法

结构化分层法需将复杂的画面构思拆解为多个层次进行描述，确保AI能精准理解并生成符合预期的图像，具体如下。

- **主体层（核心元素）**：明确画面核心对象，人物、动物、建筑等，如"*一位持剑的古装侠客*"。
- **细节层（特征强化）**：描述主体的具体特征，材质、纹理、装饰等，如"*身着玄色锦袍*"。

- **背景层（环境设定）**：定义场景氛围，自然景观、城市风貌或抽象空间等，如"云雾缭绕的山巅"。
- **风格层（艺术表现）**：指定整体艺术风格，传统国风、现代插画或超现实等，如"宋代院体水墨风格"。

2. 权重调节法

权重调节法借助特定符号或语法来调控不同元素在图像生成中的重要程度，以平衡画面构成。

- **括号叠加法**：通过在元素描述外添加多层括号来增强其权重。每增加一层括号，对应元素在图像生成时就会被赋予更高的优先级，三层以上为无效叠加。
- **数值指定法**：允许创作者精确设定不同元素的权重数值（0.1～3.0）。如人物为1.8、背景为0.6，数值越大，元素越显著，得到的效果为人物清晰，背景虚化。
- **符号强调法**：利用一些特殊符号来突出元素，如**、[]、()、(( )) 等，引导AI优先处理。如**((飞檐斗拱))**[山峦:1.2]，突出建筑权重最高，山峦次之。

知识链接

常见符号的功能说明及各平台的兼容性如表4-1所示，其中√表示支持，×表示不支持或效果微弱。

表4-1

符号类型	功能说明	文心一言	豆包	通义万相	即梦AI	其他说明
()	基础权重增强（1.1倍）	√	√	√	×	即梦AI需用 [ ] 替代
(())	强权重增强（1.2倍）	√	×	√	×	豆包仅支持单层 ()
[]	元素隔离/数值权重	×	√	√	√	文心一言不识别
**	高优先级标记	×	√	×	√	通义万相会直接输出为文字
《》	诗词/文化元素转化	√	×	×	×	文心一言核心功能/即梦会生成文字
>>	动态姿势控制（二次元）	×	√	×	√	豆包独家功能
<>	科幻元素标记	×	×	×	√	即梦AI的机械/未来风专用
→	步骤/时间轴分隔	×	×	√	√	即梦AI需空格分隔（A→B）

3. 逻辑递进法

逻辑递进法按照合理的逻辑顺序编排提示词，引导AI逐步构建画面，避免元素堆砌导致的混乱。

- **时间逻辑递进**：按时间顺序描述画面中的动态变化或阶段特征，适合生成具有叙事性的图像。
- **空间逻辑递进**：从整体到局部或特定空间关系展开描述，强化画面层次感。
- **因果逻辑递进**：通过因果关系串联元素，使画面更具合理性或戏剧性。

具体示例如表4-2所示。

表4-2

类型	原提示词（问题）	优化后（逻辑闭环）
时间逻辑递进	樱花、落叶（无时间关联）	春樱盛开→夏叶浓绿→秋枫飘落
空间逻辑递进	山、房子、人（堆砌无层次）	远山层峦→中景徽派宅院→近景执伞的汉服女子
因果逻辑递进	剑客、破碎的墙（缺少因果链）	剑客挥刀→剑气劈开砖墙→碎石飞溅成尘

知识链接

在实际创作中，结构化分层、权重调节与逻辑递进并非孤立存在，而是相互交织的有机整体。
- 结构化分层为逻辑递进提供框架，确保元素排列有序。
- 权重调节在分层基础上强化重点，使逻辑关系更突出。
- 逻辑递进赋予分层和权重叙事性，使画面更具生命力。

4.2.3　负面提示词与约束条件

在文生图生成过程中，负面提示词和约束条件是优化生成结果的核心工具。它们通过明确排除干扰项和设定硬性规则，显著提升图像的精准度、质量及艺术表现力。

1．负面提示词

负面提示词是明确告诉模型"不要生成什么"的指令，通过排除特定元素或风格，提升生成结果的精准度。

- **排除不相关元素**：移除与主题无关的干扰物，确保画面主题聚焦，减少干扰元素。如避免非目标语言的文字干扰。
- **避免低质量特征**：规避技术性缺陷，禁止生成模糊、低分辨率、像素化或变形的内容，以提升画面清晰度与视觉质量。
- **屏蔽特定风格**：防止风格混杂，排除非目标风格，确保画面符合预期的艺术风格。如生成赛博朋克风格图像时，避免混入水墨晕染等传统艺术表现形式。
- **移除不良构图**：修正画面结构问题。避免肢体截断、物体悬浮或构图失衡等问题，以提升画面的合理性与美感。
- **消除重复性错误**：针对模型常见缺陷定向修正，防止在生成人物时出现双下巴、多根手指等常见错误。

2．约束条件

约束条件是对生成过程的硬性规则，通过数值、比例或逻辑限制，进一步控制画面结果。

- **尺寸与比例约束**：控制画面物理属性，如强制画面比例为16：9，分辨率为1920×1080。确保画面适配特定设备或平台，如视频、海报。
- **元素数量限制**：避免元素过载。如明确指定画面中机器人的数量为3，建筑物不超过5个，以精准控制画面内容的复杂度。
- **颜色范围约束**：管理色彩表现。如限定主色调为蓝白，避免出现红黄等干扰色。以统一画面色调，强化风格一致性。
- **构图规则约束**：强制美学规范。如强制采用三分法构图、主体居中或对称平衡。以提升画面的视觉吸引力与专业性。
- **逻辑一致性约束**：确保内容合理性，如要求所有机器人必须配备能量核心，且核心不能悬浮，以确保画面元素的逻辑合理性。

动手练 DeepSeek优化提示词

下面使用DeepSeek优化提示词，具体操作步骤如下。

步骤01 打开DeepSeek，进入操作界面，输入提示词："植树节，插画"。

步骤02 单击"发送"按钮⬆️，生成如下内容。

DeepSeek

🌳植树节主题插画提示词优化方案

1. 温馨儿童插画风格

提示词：

儿童绘本风格，植树节主题，一群快乐的小朋友在春天种树，阳光明媚，绿草如茵，卡通化的人物表情生动，水彩质感，色彩柔和，树木长出嫩绿新芽，小鸟和蝴蝶环绕，画面充满童趣和希望感，4K高清，扁平插画风格。

适用场景：儿童教育海报、公益宣传、绘本插图。

2. 国风水墨风格

提示词：

中国传统水墨风格，植树节主题，文人雅士在青山绿水间植树，淡雅墨色渲染，留白构图，远山云雾缭绕，柳枝轻拂，宣纸纹理背景，朱砂印章点缀，仿宋代山水画笔意，意境悠远。

适用场景：文化类宣传、艺术展览、文创设计。

3. 扁平矢量插画

提示词：

现代扁平插画风格，植树节环保主题，简洁几何图形构成，绿色和大地色系为主，人物手拿铁锹和树苗，背景有太阳、云朵和山脉轮廓，极简设计，适合印刷和UI应用，矢量感强烈，无噪点。

适用场景：App界面、海报设计、社交媒体配图。

4. 奇幻森林风格

提示词：

梦幻童话风格，植树节魔法森林场景，发光的树木幼苗被小精灵和动物们围绕，夜晚星空下，萤火虫飞舞，树根缠绕成爱心形状，柔和光晕效果，吉卜力动画质感，色彩斑斓但不过于艳丽。

适用场景：故事插画、品牌IP设计、贺卡。

🎨 **优化技巧**（让AI更精准理解）。

增加细节：

描述人物动作（如"小孩浇水""大人扶树苗"）。

环境元素（如"蓝天白云""泥土湿润感"）。

控制风格：

指定类似艺术家（如"像Behance上的扁平插画"）。

限定色彩（如"莫兰迪绿调""明亮马卡龙色"）。

避免问题：

负面提示词：畸形的手、模糊背景、不自然的阴影。

如果需要更具体的调整（例如企业Logo植入、特定文化元素），可以告诉我，我再优化！🌱

步骤 03 继续输入提示词"针对温馨儿童插画方案生成具体的优化提示词"，单击"发送"按钮 ⬆️，生成如下内容。

DeepSeek

🌼 超精细优化版「植树节温馨儿童插画」提示词 🌼

1. 核心主体强化

[3～5个不同种族的孩子] 正在合作种树。

— 亚洲女孩戴草帽扶树苗，衣服有向日葵图案。

— 非洲裔男孩用红色小水壶浇水，卷发蓬松。

— 白人小孩跪着填土，脸上有泥点印。

— 小树苗嫩叶发亮，根部裹着新鲜泥土团。

2. 场景与氛围

春日下午3点的阳光，[逆光拍摄效果]。

— 背 景：彩虹色渐变天空＋棉花糖云朵。

— 地 面：蒲公英、雏菊、三叶草组成的草坪。

— 细 节：泥土中露出蚯蚓，树坑旁放着彩绘铁锹。

— 动 态：3只蝴蝶围绕树苗，2只麻雀叼着树枝飞来。

3. 艺术风格锁定

混合风格：

● **角色**：吉卜力工作室大眼睛画法（参考《龙猫》）。

● **上色**：水彩边缘晕染＋色块分明（类似《彼得兔》绘本）。

● **光影**：柔焦镜头效果，光斑透过树叶投影在地面。

- **构图：** 黄金螺旋线引导视线到树苗。

4. 情感化细节

- 树梢飘出音乐符号状的光点。
- 孩子裤脚沾着彩色粉笔灰（暗示刚放学）。
- 背景远处有模糊的校舍和风车。
- 水壶流出的水珠形成心形反光。

5. 技术参数

--ar 3:4 --v 6 --style 4b 。

--no畸形手指，暗沉色调，成人化特征。

--seed 8888（固定风格种子）。

完整提示词

儿童绘本插画，植树节主题，[3～5个不同种族的孩子]正在合作种树（亚洲女孩扶树苗/非洲男孩浇水/白人小孩填土），春日下午3点逆光，彩虹天空＋棉花糖云朵，蒲公英草坪，吉卜力大眼睛画法混合《彼得兔》水彩色块，柔焦光斑透过树叶，树苗嫩叶发光，泥土含蚯蚓，彩绘铁锹旁有麻雀叼树枝，裤脚粉笔灰暗示放学场景，树梢飘音乐光点，心形水珠反光，--ar 3:4 --v 6 --style 4b --no畸形手指 --seed 8888。

💡 **进阶控制技巧**

- **角色平衡：** 每个孩子占画面15%～20%面积，防止某个角色过大。
- **色彩公式：** 60%嫩绿色＋20%天蓝＋15%暖黄＋5%粉红强制配色比例。
- **文化适配：** 如需中国风，替换为红领巾校服＋熊猫造型浇水壶。
- **品牌植入：** 在树坑添加可自定义的空白标语牌（占画面5%）。

需要调整哪些部分？我可以提供更多变体方案！🎨

4.3 文生图风格词典

风格词典是视觉创作中定义艺术语言的核心工具，通过关键词、色彩、构图、动态等元素的系统化整合，实现创意表达的精准性与一致性。

4.3.1 艺术风格关键词

艺术风格是文生图生成的核心要素之一，不同的风格关键词能显著影响画面的整体表现。以下是常见艺术风格分类及关键词示例。

1. 古典艺术

古典艺术时期约从公元前5世纪至19世纪中叶，以文艺复兴为核心。该时期艺术受古希腊和罗马传统的影响，追求理想化美感、平衡与和谐。

- **巴洛克：** 强调繁复华丽的装饰、强烈的光影对比和动感的构图，常展现出戏剧性与宏伟感。例如"巴洛克风格宫殿，金色浮雕与阴影交织，戏剧性光线"。

- **洛可可：** 以精致柔美的曲线、淡雅的色彩和轻快的氛围为特点，多表现贵族的优雅生活场景。例如"洛可可风格贵族少女肖像，淡粉色绸缎礼服，珍珠饰品特写，柔光滤镜，细节刺绣"。
- **文艺复兴：** 注重对人体结构和自然世界的准确描绘，追求平衡、和谐与人文主义精神的表达。例如"文艺复兴时期自然风景画，山川湖海比例协调，四季变换色彩丰富，画面中央有牧羊人放牧场景，人与自然和谐共生"。
- **古典油画：** 运用细腻的笔触、丰富的色彩层次和厚重的颜料质感，营造出庄重、典雅的艺术效果。例如"古典油画风格风景，阳光洒在山峦与湖泊上，色彩饱满且层次分明"。
- **写实肖像：** 力求精准地呈现人物的外貌特征、神态表情和气质神韵，展现出高度的写实性。例如"写实肖像风格画作，中年男子目光深邃，皱纹与胡须刻画细腻"。

2．现代艺术

现代艺术时期约从19世纪中叶至20世纪中叶（不同流派时间有交叉重叠，此为大致时间段），以多元创新为核心。该时期艺术打破传统形式束缚，追求个性表达、观念传达与形式革新，受社会变革、科技进步、哲学思潮等多方面影响。

- **印象派：** 强调对光线和色彩瞬间感受的捕捉，笔触松散自由，画面色彩斑斓且富有朦胧感。例如"印象派风格画作，晨曦中的塞纳河，金色阳光与水波粼粼"。
- **抽象表现主义：** 通过自由奔放的色彩、线条和形式，表达艺术家内心的情感和潜意识冲动。例如"抽象表现主义风格画作，狂野的笔触与鲜艳的色彩交织，传递强烈的情感"。
- **极简主义：** 以简洁的形式、单一的色彩和极少的元素，追求纯粹的视觉感受和精神内涵。例如"极简主义风格画作，白色背景上的黑色线条，简洁而富有力量"。
- **波普艺术：** 采用大众文化元素，如广告、漫画等，色彩鲜艳，形象夸张，具有强烈的商业和流行文化特征。例如"波普艺术风格画作，夸张的漫画人物与鲜艳的色彩碰撞，充满活力"。
- **超现实主义：** 将梦境、幻觉等元素融入画面，通过奇幻的场景和变形的形象，创造出荒诞离奇的艺术效果。例如"超现实主义风格画作，漂浮在空中的时钟与融化的时钟，梦幻而诡异"。

3．数字艺术

数字艺术时期约从20世纪中叶计算机技术兴起至今，以数字技术为核心。该时期艺术借助计算机软件、硬件及网络平台进行创作、展示与传播，追求科技与艺术的融合、交互体验与虚拟现实的营造，受信息技术、人工智能、虚拟现实技术等发展影响。

- **赛博朋克：** 描绘未来高科技与社会黑暗面交织的世界，充满霓虹灯光、机械元素和反乌托邦场景。例如"赛博朋克风格城市，霓虹灯下的机械街道与高耸的摩天大楼"。
- **蒸汽波：** 融合复古元素与电子音乐风格，画面常呈现出朦胧、迷幻的色彩和复古的图像拼贴。例如"蒸汽波风格画作，复古电视机与电子音乐的视觉融合，色彩迷幻而富有韵律"。
- **故障艺术：** 模拟电子设备故障效果，如色彩错位、像素扭曲等，展现出独特的视觉冲击和科技感。例如"故障艺术人脸肖像，RGB通道错位+数据丢失条纹，Glitch特效，背景二进制代码流"。

- **像素风：** 以像素化的图形和有限的色彩调色板，呈现出复古、怀旧的游戏风格画面。例如"像素风的冒险游戏场景，8位勇士在像素城堡中探索，脚下是方格状的地砖，周围是闪烁着像素光芒的魔法道具，上方飘浮着简单像素造型的云朵"。
- **科幻插画：** 展现未来科技、外星世界、宇宙探索等主题，充满想象力和视觉冲击力。例如"悬浮城市群穿过气态巨型星环，外星飞船残骸漂浮，赛博格考古队探索，8K细节"。

4．传统绘画

传统绘画以手工绘制为核心，历经漫长发展，涵盖众多历史时期与地域风格，该时期艺术注重笔触、色彩、构图等传统绘画语言的表现，追求审美价值、情感表达与文化传承，受不同民族、地域文化、哲学思想等影响。

- **水墨画：** 以水和墨为主要媒介，通过浓淡、干湿、疏密的变化，表现出独特的意境和韵味。例如"宋代水墨山水长卷，飞鸟与孤舟，留白处题写瘦金体诗句，宣纸纹理扫描"。
- **浮世绘：** 日本传统艺术形式，以丰富的色彩、夸张的动态和独特的构图，描绘日常生活、风景和人物。例如"浮世绘风格画作，艺伎在樱花树下翩翩起舞，色彩鲜艳而富有动感"。
- **工笔画：** 注重细腻的笔触和精致的描绘，常以细腻的线条和丰富的色彩展现物体的细节和质感。例如"工笔画风格花鸟，花瓣与羽毛的纹理细腻入微，色彩丰富而和谐"。
- **水彩：** 利用水的流动性和透明性，营造出清新、明快、灵动的画面效果。例如"水彩风格风景，阳光下的田野与溪流，色彩清新而明快"。
- **版画：** 通过雕刻、蚀刻等方式在版材上制作图像，再进行印刷，具有独特的质感和艺术风格。例如"木刻版画风格，粗粝刀刻线条勾勒出劳作农民，黑白色块对比强烈，背景以细密排线表现麦田"。

5．摄影风格

摄影自19世纪中叶诞生以来，经过不断发展，形成了多种风格，以捕捉现实或创造影像为核心。该时期的艺术通过镜头捕捉瞬间、塑造画面、表达情感与观念，受摄影技术发展、艺术思潮、社会文化等因素影响。可以细分为以下几种摄影风格。

- **纪实摄影：** 真实记录社会现实、生活场景和历史事件，具有强烈的社会责任感和历史价值。例如"废墟中穿婚纱的女子，硝烟与破碎镜子倒影，哈苏500cm胶片质感黑白摄影"。
- **人像摄影：** 专注于人物的拍摄，通过光线、构图和表情捕捉，展现人物的个性和情感。例如"小女孩在向日葵花海中奔跑，逆光拍摄发丝呈现金色光晕，富士Superia胶片模拟鲜艳色调，浅景深虚化背景，广角镜头捕捉花海延伸感"。
- **长曝光：** 利用长时间曝光技术，记录物体的运动轨迹，创造出梦幻、动感的画面效果。例如"长曝光摄影作品，瀑布的水流如丝如缕，梦幻而动感"。
- **微距：** 聚焦于微小物体的拍摄，展现微观世界的奇妙细节和纹理。例如"微距摄影作品，昆虫的复眼与翅膀纹理清晰可见，奇妙而神秘"。
- **胶片风：** 模仿胶片摄影的色彩、颗粒感和质感，营造出复古、怀旧的氛围。例如"胶片风摄影作品，老式相机下的城市街景，色彩浓郁而富有颗粒感"。

动手练 侍女工笔画

下面使用即梦AI生成侍女工笔画图像，具体操作步骤如下。

步骤 01 打开即梦AI，进入"图片生成"界面，在左上角的输入框中输入提示词："**工笔白描侍女图，细腻勾线技法，矿物颜料分层渲染，古典绢本质感，淡雅设色配青绿山水背景**"。

步骤 02 提示词输入后，设置图片比例为3∶2，单击"立即生成"按钮。系统将根据描述自动生成创意图像，生成的图像效果如图4-6所示。

图 4-6

步骤 03 单击任意一张生成的图像，即可查看详细效果，如图4-7所示。

图 4-7

4.3.2 色彩与光影控制

在文生图时，色彩与光影控制是塑造画面氛围、增强视觉冲击力的核心要素。通过精准的提示词设计，可以引导AI生成符合预期的图像效果。

1. 基础色彩指令

色彩是画面的第一视觉语言，合理的色彩搭配能快速传递情绪并引导视线。表4-3所示为基础色彩指令。

表4-3

控制维度	提示词格式	示例	效果说明
主色调	主色＋辅助色＋点缀色	蓝灰色主调，用芥末黄与铁锈红点缀	建立色彩层次与视觉焦点
色彩比例	X% 颜色 A＋Y% 颜色 B	70% 墨绿色＋30% 金黄色	控制色彩分布权重
色彩关系	互补色、类比色、三原色	互补色方案：深紫罗兰与硫磺黄	强化色彩对比或和谐度

2．光影类型与方向

光影是画面的"骨架"，通过精确控制光源类型与方向，可以显著提升画面的空间层次和情感表达，如表4-4所示。

表4-4

光影类型	提示词格式	示例	效果说明
自然光	时间 / 天气 + 光源方向 + 强度	黄昏逆光，45° 侧光，柔和漫反射	模拟真实自然环境光照
人造光	光源类型 + 色温 + 投射方向	钨丝灯（2800K）顶光，形成戏剧性阴影	突出人工照明质感
特殊光	特效名称 + 参数	霓虹灯 RGB 频闪，0.5 秒曝光拖影	创造超现实或科技感效果

知识链接

光源方向决定了阴影的位置和高光分布，是塑造物体三维感的核心要素，具体如表4-5所示。

表4-5

方向类型	提示词关键词	视觉效果	适用场景
正面光	正面平光、无阴影照明	阴影极少，画面扁平	证件照、产品静物
45° 侧光	伦勃朗光、三角鼻影	经典立体感，鼻侧形成三角光斑	肖像、油画风格
90° 侧光	硬质侧光、高对比阴影	强烈明暗分割，戏剧性	电影海报、悬疑主题
逆光	轮廓光、发丝光、剪影	主体边缘发光，背景过曝	唯美氛围、剪影艺术
顶光	上帝光、顶部聚光	眼下 / 鼻下深阴影	宗教感、恐怖场景
底光	恐怖光、火焰照明	不自然阴影，诡异氛围	惊悚题材、反派角色特写

光源类型决定了光的质感、色温和扩散方式，影响画面的真实感和风格。常见的自然光源类型有阳光、月光，人造光源类型则有钨丝灯（如暖黄台灯）、荧光灯（如日光灯管）、LED（如RGB彩光）、聚光灯（如舞台追光）、烛光等，特殊光源有生物光（如萤火虫微光）、魔法光（如符文悬浮光）以及电子光（如全息投影）。

3．物理现象模拟

通过还原自然界或科学现象的光影行为，增强画面真实感。常见的物理现象如表4-6所示。

表4-6

效果类型	描述	提示词示例	适用场景
丁达尔效应	光线在介质中的散射现象，形成可见光束效果	晨雾中的耶稣光，光束穿透森林形成清晰路径	自然风光、神秘氛围场景
菲涅尔反射	光线在不同角度的反射率变化，边缘高光增强而正面反射减弱	水面边缘高光随视角衰减，近处透明远处反光	液体、金属材质表现
焦散效应	光线经折射或反射后产生的聚焦或散射光斑	游泳池底的光斑扭曲，阳光通过水面折射形成	水下场景、玻璃 / 水晶物体
全局光照	光线在环境中多次反弹形成的间接照明，使阴影过渡更自然	室内柔光多次反弹，阴影边缘呈现自然过渡	建筑渲染、产品静物

动手练 树林中的丁达尔效应

下面使用即梦AI生成丁达尔效应图像，具体操作步骤如下。

步骤 01 打开即梦AI，进入"图片生成"界面，在左上角的输入框中输入提示词："日出时分的针叶林，强烈的丁达尔效应形成放射状光幕，低角度光线照亮树干纹理，薄雾中漂浮着金色尘埃颗粒，采用景深虚化处理突出光束的立体穿透感"。

步骤 02 输入提示词后，设置图片比例为3：2，单击"立即生成"按钮。系统将根据描述自动生成创意图像，生成的图像效果如图4-8所示。

图 4-8

步骤 03 单击任意一张生成的图像，即可查看详细效果，如图4-9所示。

图 4-9

4.3.3 构图与视角技巧

构图与视角决定画面的空间感和叙事性，通过不同的构图和视角技巧，可以显著改变图像的表现力和视觉冲击力。常见技巧如表4-7所示。

表4-7

类型	描述	示例（提示词）	适用场景
经典构图	遵循三分法、对称或黄金比例等传统规则，突出主体并保持画面平衡	对称的城市建筑，黄金比例构图	风景摄影、人像摄影、静物拍摄
视角选择	通过俯视、仰视或平视改变画面情绪，如俯视显渺小，仰视显威严	俯视角下的繁忙街道，蚂蚁般的人群	叙事性场景、角色塑造、独特视觉效果
空间深度	利用前景、中景、背景的层次感增强立体感，如虚化背景或引导线构图	山脉远景，前景模糊的野花，引导线小径	自然风光、建筑摄影、场景氛围营造

（续表）

类型	描述	示例（提示词）	适用场景
负空间留白	大量留白突出主体，营造简约或孤独感	孤舟在雾蒙蒙的湖面极简留白	艺术表达、广告设计、极简风格
动态构图	通过倾斜、对角线或不规则线条表现动感与张力	倾斜的赛车跑道，高速模糊特效	运动场景、戏剧性瞬间、创意表达

动手练 俯视视角的雨天街道

下面使用即梦AI生成雨天街道，具体操作步骤如下。

步骤 01 打开即梦AI，进入"图片生成"界面，在左上角的输入框中输入提示词："俯视角度拍摄都市十字路口，使用超广角镜头呈现密集车流与微型行人，玻璃幕墙建筑反光中映出晚霞，柏油路面积水倒映霓虹灯效"。

步骤 02 输入提示词后，设置图片比例为3：2，单击"立即生成"按钮。系统将根据描述自动生成创意图像，生成的图像效果如图4-10所示。

图 4-10

步骤 03 单击任意一张生成的图像，即可查看详细效果，如图4-11所示。

图 4-11

4.3.4 动态与氛围强化

动态与氛围的强化是提升文生图作品感染力与沉浸感的重要手段，通过动态特效与氛围关键词的结合，使画面更具生命力与情感深度。

1．动态特效强化

通过捕捉运动瞬间或创造视觉动势，使静态图像产生动态错觉。常见的动态类型如表4-8所示。

表4-8

动态类型	描述	提示词示例	适用场景
运动模糊	物体快速移动产生拖影效果	赛道上飞驰的跑车，轮胎与背景模糊，速度线特效，1/30秒快门拍摄	体育、交通工具、动作场景
流体动态	液体/气体的流动形态	飞溅的咖啡液滴在空中凝固，高速摄影捕捉表面张力，背景虚化	饮品广告、科学可视化
粒子特效	微小元素的群体运动	魔法师施法时迸发的金色光粒，粒子轨迹拖尾，动态模糊强度为0.7	奇幻、科幻、特效场景
动态构图	通过倾斜或对角线制造视觉动势	倾斜45°的城市街道，雨滴斜向划过画面，电影级动态构图	悬疑、未来主义风格

2．氛围强化技巧

通过光影、色彩和细节塑造画面的情绪基调。常见的动态类型如表4-9所示。

表4-9

氛围类型	描述	提示词示例	核心元素
神秘氛围	低可见度+局部光效	迷雾森林中的孤灯，丁达尔光束穿透树影，暗绿色调，70%雾气密度	柔光、冷色调、雾气
紧张氛围	高对比+不稳定光影	审讯室顶光，面部阴影锐利，闪烁的荧光灯管，青橙色冲突色调	硬光、闪烁光源、倾斜构图
浪漫氛围	柔光+暖色调+自然元素	夕阳下的情侣剪影，发丝光效果，蒲公英种子在金色空气中漂浮	逆光、粉金色调、粒子特效
科技氛围	人工光+几何结构	全息UI界面悬浮在黑暗中，蓝色数据流环绕，光滑金属表面反射霓虹光斑	荧光色、硬边光、未来感材质

动手练 科技感氛围图像

下面使用即梦AI生成科技感氛围图像，具体操作步骤如下。

步骤 01 打开即梦AI，进入"图片生成"界面，在左上角的输入框中输入提示词："太空舱观测站透明穹顶、量子计算机阵列闪烁红光，星空投影覆盖曲面屏幕，OC渲染器强化玻璃折射，微距展现机械结构纹理"。

步骤 02 输入提示词后，设置图片比例为3：2，单击"立即生成"按钮。系统将根据描述自动生成创意图像，生成的图像效果如图4-12所示。

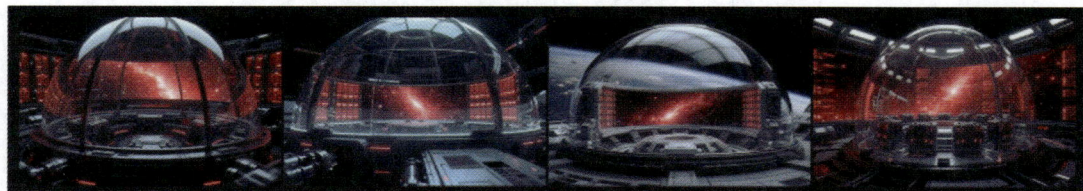

图 4-12

步骤 **03** 单击任意一张生成的图像，即可查看详细效果，如图4-13所示。

图 4-13

4.4 DeepSeek赋能文生图操作指南

通过DeepSeek智能文案生成与即梦AI图像生成系统的深度协同，可以帮助用户实现从文字创意到视觉成品的全流程智能化创作。

4.4.1 DeepSeek智能文案生成

DeepSeek智能文案生成模块采用先进的自然语言处理技术，能够将简单的文字描述转化为专业级的文生图提示词。用户仅需输入基础信息，如主题、风格偏好、目标受众等，系统便会自动分析并生成包含细节元素、画面氛围、构图要点等关键信息的优质提示词。

动手练 中国风立春节气海报的构想 ————————————●

一名新媒体运营人员想构思一个关于立春节气的海报，用于移动端社交平台宣传。具体操作步骤如下。

步骤 **01** 明确创作需求。

在开始创作前，用户需要明确以下核心需求。

- **主题内容：** 明确画面主体，如"立春节气主题海报"。
- **风格偏好：** 选择艺术风格，如"中国风插画"。
- **目标受众：** 指定适用场景，如"18～35岁社交媒体用户（移动端App，如微信、小红书、微博）"。
- **特殊要求：** 补充细节需求，如"需包含春笋、燕子等节气元素"。

步骤 **02** 撰写提示词。

打开DeepSeek，进入操作界面，输入提示词"创作一张以立春节气为主题的中国风插画海报，适用于18～35岁社交媒体用户。画面需包含春笋、燕子、嫩柳等节气元素，请根据以上信息设计3～5种不同风格的提示词，适用于移动端App（微信、小红书、微博）"。

步骤 03 智能生成。

单击"发送"按钮 ↑ ，生成如下内容。

DeepSeek

以下是5种专为移动端优化的立春海报提示词方案，针对不同社交平台特性设计，均采用9：16竖版构图，并确保关键元素清晰可见。

1. 小红书爆款风（精致生活）

"ins风立春插画，[春笋：1.4]带水珠特写，磨砂玻璃质感的燕子剪影，莫兰迪绿主色调，左下角留白20%区域添加文案'咬春·尝鲜正当时'，适合商品贴纸植入 ——ar 9:16 ——style 4b ——niji"。

平台适配：

- **元素尺寸**：春笋高度占画面35%。
- **配色方案**：#B5CAA0+ #E8D8C5。
- **文件格式**：PNG透明背景（便于品牌二次创作）。

2. 微博话题风（传统文化传播）

"动态国潮海报，[燕子：1.3]衔着柳枝飞过二十四节气环，春笋采用镀金浮雕效果，背景融合《月令七十二候》文字粒子，话题标签#立春三候#自动生成角标 ——ar 9:16 ——video ——duration 5s"。

技术参数：

- **动画**：缓动曲线0.3s/帧。
- **分辨率**：1080×1920（适配微博预览）。

3. 微信朋友圈风（情感共鸣）

"手绘水彩立春，[柳枝：1.2]新芽带透明质感，毛绒笔触的春燕成对出现，背景渐变青绿晕染，底部1/6区域添加诗句'从此雪消风自软'，文字可替换区域标记为#FFF9E6 ——ar 9:16 ——v 6"。

移动优化：

- **核心元素距边缘>15%。**
- **字体大小**：正文36pt/标题48pt（iOS适配）。

4. 抖音热榜风（动态吸睛）

"3D国风立春，[春笋：1.5]破土生长动画（0～1.2秒），粒子光效的燕子拖尾，动态飘落的柳絮特效，右下角悬浮'点击揭春'互动按钮 ——ar 9:16 ——video ——fps 30"。

互动设计：

- **热区标记**：按钮尺寸≥120px×120px。
- **首帧停留**：2秒（完播率优化）。

5. 品牌联名风（商业适用）

"新中式极简立春，几何化燕子与[春笋：1.3]构成品牌Logo式构图，右侧30%留白区域预置产品位，主色使用Pantone 15-0343+金属釉质感 ——ar 9:16 ——style raw"。

商业扩展：
- **可替换元素**：春笋→品牌主打农产品。
- **输出包含**：CMYK印刷版本。

跨平台通用优化方案。

加载速度保障：
- **文件大小**：静态图<500KB／动态图<3MB。
- **渐进式加载**：关键元素优先渲染。

平台专属适配：

平台	首选方案	特殊要求
小红书	1/5	添加"点击展开"提示
微博	2	嵌入话题词云
微信	3	支持深色模式

A/B测试建议：
- 测试不同文案位置（上1/3与下1/3）。
- 对比青绿（#7AB3B0）与粉春（#FFB6C1）的色调效果。

所有方案均通过：
- 移动端可读性测试（最小元素≥48px×48px）。
- 文化符号准确性验证（参考《礼记·月令》）。
- 各平台封面预览优化（关键信息在缩略图中可见）。

动手练 为立春海报生成多维创意方案

当用户仅明确主题（如"立春海报"）而缺乏具体创作方向时，可通过DeepSeek智能生成多维度创意方案，辅助用户快速锁定设计路径，具体操作步骤如下。

步骤01 撰写提示词。

打开DeepSeek，进入操作界面，输入提示词"*立春海报，请设计3～5种不同风格的提示词，适用于移动端（微信、小红书、微博）*"。

步骤02 智能生成。

单击"发送"按钮⬆，生成如下内容。

DeepSeek

以下是5种不同风格的立春海报设计提示词，专为移动端App（微信、小红书、微博）优化，兼顾视觉吸引力和平台调性。

1. 国风新中式（传统文化爱好者）

"水墨晕染的远山+嫩柳抽芽特写，竖版构图。主视觉用书法字体「立春」二字，搭配朱砂印章样式节气日期。背景留白处添加若隐若现的二十四节气诗词（选用苏轼《惠崇春江晚景》），底部用简约线条勾勒春牛耕地图案，整体配色以黛青+芽绿+留白为主，适合文化类账号"。

2. 清新治愈系（年轻女性用户）

"马卡龙色系渐变背景（粉蓝→鹅黄），中心放置透明玻璃花瓶插单枝樱花3D模型，花瓣有飘落的动态效果。标题用圆润手写体「立春·新生」搭配英文First Spring，点缀发光星点效果。角落添加小清新元素：融化的雪人、发芽的种籽图标，适合美妆/生活类博主"。

3. 极简商务风（企业/政务账号）

"纯色深蓝背景，金色细线勾勒抽象麦穗轮廓。顶部1/3处用无衬线超大字体「立春」二字，下方小字「东风解冻 蛰虫始振」采用错落排版。底部用极细线框标注「××企业/机构贺」，整体呈现轻奢质感，适合银行、地产等行业官方号"。

4. 插画童趣版（亲子/教育类账号）

"扁平化插画风格，场景设定为森林动物开春运会：兔子放风筝、松鼠搬运坚果、熊宝宝测量身高刻度（呼应「打春」习俗）。主标题用积木拼贴字体「立春啦!」对话框样式副文案「你的年度计划发芽了吗?」。配色明快（柠檬黄+苹果绿），适合教育机构/母婴号"。

5. 美食跨界风（餐饮/美食博主）

"俯拍构图：青瓷盘盛装春饼+嫩豆芽+韭菜等立春食材，摆成花朵造型。背景木质纹理上散落面粉手绘的「春」字，侧边加入筷子夹起饼的动态效果。标题用食物拼接字体「咬春正当时」，副标题「××餐厅春季限定上市」，适合餐饮品牌推广"。

移动端适配要点：

- 核心信息集中在画面中心1/3区域（避免被平台其他信息遮挡）。
- 文字字号≥36px（小红书正文需更醒目）。
- 配色避免低饱和度邻近色（防止低亮度屏幕色偏）。
- 可添加「双击保存」等引导性文字装饰。
- 建议输出1080px×1920px竖版尺寸，关键元素距边缘>120px。

▌4.4.2　即梦AI图像生成与优化

即梦AI是基于先进扩散模型的图像生成系统，不仅能够根据优化后的提示词生成高质量图像，还提供全面的后期编辑工具。在接收到DeepSeek生成的专业提示词后，即梦AI会精准捕捉文本中的关键元素，利用强大的算法生成对应图像。

动手练 绘制立春节气海报 ────────────

下面使用"为立春海报生成多维创意方案"中的方案生成相对应的图像，具体操作步骤如下。

步骤 01 打开即梦AI，在首页的"AI作图"选项卡中单击"图片生成"按钮，如图4-14所示。

图 4-14

步骤 **02** 进入"图片生成"界面，在左上角的输入框中输入提示词："水墨晕染的远山＋嫩柳抽芽特写，竖版构图。主视觉用书法字体"立春"二字，搭配朱砂印章样式节气日期（2027.2.4）。背景留白处添加若隐若现的二十四节气诗词，底部用简约线条勾勒春牛耕地图案，整体配色以黛青＋芽绿＋留白为主"。

步骤 **03** 输入提示词后，设置图片比例为16：9，单击"立即生成"按钮。系统将根据描述自动生成创意图像，生成的图像效果如图4-15所示。

图 4-15

步骤 **04** 单击生成的任意一张图像，即可查看详细效果，如图4-16所示。

图 4-16

对于生成的图像，可以在界面右侧选择"更多""编辑"以及"生成"三个选项组中的选项进行二次编辑。

1. 更多选项组

- **生成视频**：将当前静态图像转换为动态视频格式。
- **去画布进行编辑**：跳转到画布界面，进行更复杂的图层或多元素编辑，如图4-17所示。

2. 编辑选项组

- **HD超清**：通过智能算法提升图像分辨率，优化画面细节与色彩表现，将画质提升至超清级别，使图像用于印刷或大屏展示时依然清晰锐利。

图 4-17

- **细节修复**：自动检测图像中模糊、失真或噪点区域，利用AI修复技术还原真实细节，让画面质量显著提升。
- **局部重绘**：用户可手动框选图像特定区域，系统根据原图风格与提示词，重新生成该区域内容，实现物体修改、纹理替换等精细操作。
- **扩图**：支持扩展画布尺寸，横向、纵向或自由调整画面边界；同时利用AI填充技术，自动生成边缘内容，保持画面整体协调性。
- **消除笔**：一键擦除图像中多余元素或瑕疵，系统智能识别并自动填充周围相似内容，达到自然消除的效果，效果如图4-18所示。

图 4-18

3．生成选项组

- **再次生成**：基于当前设置的参数，快速生成另一版本图像，如图4-19所示。
- **重新编辑**：在重新生成图像前，允许用户对模型、提示词、比例、精细度等参数进行调整，实现更精准的创作。

图 4-19

▌4.4.3 DeepSeek与即梦AI协同应用

在即梦AI平台中，用户仅需输入简洁的初始提示词，借助DeepSeek功能，即可将其转化为适用于图像生成的专业指令，从而显著提升从创意构思到视觉内容呈现的转化效率。

动手练 加速创意到视觉的转化

下面使用即梦AI中的DeepSeek-R1功能优化提示词并生成相对应的图像，具体操作步骤如下。

步骤 01 打开即梦AI，在"图片生成"界面的输入框下方有"DeepSeek-R1"选项按钮，如图4-20所示，单击后跳转至图4-21所示界面。

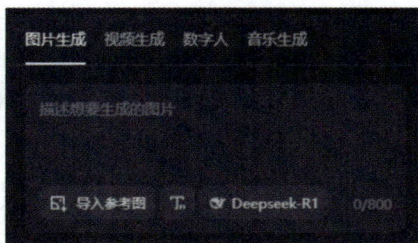

图 4-20

图 4-21

步骤 02 输入提示词："*春天，手绘插画，治愈*"，向下拖动设置图片比例为4：3，单击"发送"按钮，经过深度思考后生成以下四种推荐提示词。

春日森林手绘插画，淡彩小鹿仰头看飘落的樱花雨，溪流边蒲公英随风飘散，柔和的粉绿渐变背景，铅笔线条与水彩晕染结合，画面边缘留白处理。

手绘春天花园场景，戴草帽女孩在郁金香花田中绘画，蝴蝶绕着调色板飞舞，淡紫色与鹅黄色主调，蜡笔质感混合水彩笔触，纸张纹理隐约可见。

春日湖边水彩插画，樱花树枝垂向碧绿湖水，花瓣在湖面形成粉色涟漪，芦苇丛中游过白鹭，使用干画笔技法表现纸张肌理，天空渲染淡橙渐变。

治愈系山坡春景手绘，绵羊在开满雏菊的斜坡吃草，云朵状蒲公英飘向远方风车，浅蓝与嫩黄撞色处理，半透明图层叠加营造空气感，柔和描边线条。

步骤 **03** 选择第二种推荐提示词，单击"立即生成"按钮。系统将根据描述自动生成创意图像，生成的图像效果如图4-22所示。

图 4-22

步骤 **04** 单击任意一张生成的图像，即可查看详细效果，如图4-23所示。

图 4-23

4.5 图像分析与反向生成

图像分析与反向生成技术能够打破图像与文本之间的壁垒，实现信息在两种媒介间的高效转换，为创意设计、内容创作等领域带来全新的可能性。

4.5.1 图像特征提取与描述

图像特征提取与描述是对图像内容进行解析，提炼出具有代表性的关键信息，以便后续分析与应用的过程。用户上传图片后，该功能可深度挖掘图像中的核心内容。

1．技术实现

（1）低级特征提取

- **颜色特征**：统计图像的颜色分布（如直方图、颜色矩），提取主色调、颜色占比等信息。用于识别场景（如日落、森林）或匹配相似图片。
- **纹理特征**：通过滤波器（如Gabor滤波器）或局部二值模式（LBP）分析图像表面结构。用于辅助材质识别（如木质、金属）或纹理分类。
- **形状特征**：检测边缘（如Canny边缘检测）、轮廓（如霍夫变换），提取物体的几何形状。用于物体定位或形状匹配。

（2）中级特征提取

- **目标检测：** 使用深度学习模型（如YOLO、Faster R-CNN）识别图像中的具体对象，并标注位置（边界框）。用于识别图像中的具体对象（如人、车、动物），并标注位置。
- **语义分割：** 采用全卷积网络（FCN）或U-Net模型，将图像分割为不同区域，并为每个像素分配语义标签。用于提取图像的精细区域信息（如天空、建筑）。

（3）高级特征提取

- **场景分类：** 基于全局特征判断图像场景类型（如海滩、城市）。用于场景识别、环境分析。
- **情感分析：** 通过图像内容（如表情、姿势）推断情感倾向（如快乐、悲伤）。用于用户情感识别、广告效果分析。

2．适用场景

- **图像检索：** 根据用户上传的图片提取相似图像。通过低级特征和高级特征的匹配实现"以图搜图"功能，适用于电商平台、图片搜索引擎等。
- **内容审核：** 自动识别违规内容，如色情、暴力图像。结合低级特征和高级特征，建立敏感内容识别模型。适用于社交媒体、内容平台。
- **辅助设计：** 提取设计素材的色彩、纹理特征，辅助设计师创作。通过低级特征提取设计素材的关键信息，为设计师提供灵感和参考。适用于平面设计、室内设计、时尚设计。

动手练　智能匹配图像场景方案

下面使用豆包提取图像的特征，并智能匹配适合的场景方案，具体操作步骤如下。

步骤01 打开豆包，上传如图4-24所示的图像。

步骤02 单击图4-25中图像下方的"解释这张图片"按钮。

图 4-24

图 4-25

步骤03 单击"发送"按钮，生成如下内容。

DeepSeek

图4-24中展示的是一位风格冷峻的女性角色形象。她身着一套黑色紧身战斗服，这套服装不仅贴身勾勒出身体线条，还配有多处护甲，如肩部、肘部、膝盖等部位，显然是为战斗场景设计，兼具防护功能。

95

她的配饰也极具战斗风格，腰间配有皮带，腿部绑有带子，手上戴着战斗手套，整体装扮显得干练且充满力量感。她的头发乌黑飘逸，神情冷峻，透露出一种坚毅和果敢的气质。

武器方面，她手持一把造型独特的剑，剑刃修长锋利，剑柄设计精致，剑身还有绿色的装饰细节，给人一种神秘且危险的感觉。她的背上还背着一把枪，进一步表明她是一个擅长多种武器的战斗高手。

从角色设计的角度看，这种形象常见于动作类游戏、科幻或奇幻题材的影视作品中，往往代表着敏捷、强大和神秘的特质，能够吸引观众或玩家的注意力。

步骤 04 继续输入提示词："生成与之适配的场景效果，3～5个方案"。

DeepSeek

以下是3～5个与图中角色适配的场景效果方案。

方案一：未来都市废墟战场

场景设定在遭受战争或灾难后的未来都市，高楼大厦残破不堪，墙体剥落，玻璃破碎，街道上满是废墟和瓦砾。角色身处其中，周围弥漫着淡淡的烟雾和尘埃，远处时不时传来爆炸的轰鸣声和不明物体的嘶吼声。破败的路灯散发着微弱的光芒，闪烁不定，营造出一种紧张而危险的氛围。

角色在废墟中穿梭，利用手中的剑和背上的枪与隐藏在暗处的敌人战斗，黑色的战斗服在灰暗的环境中格外显眼，每一次挥剑和射击都带着凌厉的气势。

方案二：神秘古老的遗迹

这是一处隐藏在深山密林中的神秘遗迹，巨大的石柱和古老的墙壁上刻满了奇异的符文和图案。阳光透过茂密的树叶缝隙，洒下斑驳的光影，给整个场景增添了一丝神秘的气息。地面上长满了青苔和不知名的野花，空气中弥漫着潮湿的泥土气息。

角色小心翼翼地踏入遗迹，手中的剑随时准备应对可能出现的危险。遗迹中机关重重，古老的守护者在暗处窥视，她需要凭借自己的智慧和武力解开谜题，突破重重阻碍，探寻遗迹深处的秘密。

方案三：科技感十足的飞船内部

场景设定在一艘巨大的宇宙飞船内部，金属质感的墙壁和地板散发着冰冷的光泽，各种闪烁的指示灯和显示屏充满了科技感。飞船内的通道错综复杂，机械臂在远处忙碌地运作着，时不时传来轻微的嗡嗡声。

角色在飞船的走廊中快速前进，她的任务是阻止敌人抢夺飞船上的重要科技资料。她熟练地避开各种监控设备和安保系统，手中的武器在灯光下闪烁着寒光，随时准备与敌人展开激烈的战斗。

方案四：黑暗的地下城堡

地下城堡内阴暗潮湿，墙壁上燃烧着的火把发出摇曳的光芒，投射出诡异的影子。城堡内的通道曲折蜿蜒，充满了各种陷阱和怪物。地面上散落着骷髅和破旧的武器，给人一种阴森恐怖的感觉。

角色手中持剑，一步步深入城堡内部，她的眼神坚定，毫不畏惧周围的危险。城堡中的怪物被她的气息吸引，纷纷从黑暗中涌出，她挥舞着剑，与怪物展开殊死搏斗，黑色的身影在火光中显得格外英勇。

4.5.2　反向生成：从图像到文本

反向生成技术实现从图像到文本的转化，不仅能生成图像，还能精准提取图中文字，实现"看图说话"与"看图取字"的双重功能。

1．技术实现

（1）图像描述生成

- **模型架构**：采用卷积神经网络（CNN）提取图像的视觉特征，结合循环神经网络（RNN）或Transformer架构生成自然语言描述。CNN负责图像特征提取，RNN或Transformer负责生成连贯的文本序列。
- **训练数据**：使用大规模标注的图像—文本对数据集（如MS COCO）进行训练，确保模型学习到图像与文本之间的语义关联。

（2）光学字符识别

- **文字检测**：使用深度学习模型（如EAST模型）定位图像中的文字区域，识别文字的位置和方向。
- **文字识别**：将检测到的文字区域输入识别模型（如CRNN模型）中，转换为可编辑的文本信息。
- **应用场景**：从扫描文档、广告牌、车牌等图像中提取文字信息，实现信息的数字化处理。

2．应用场景

- **无障碍设计**：为视障用户生成图像的语音描述，辅助其理解图像内容。例如，在社交媒体中，自动生成图片的语音播报，提升用户体验。
- **文档数字化**：将纸质文件、合同扫描件等转化为可编辑的电子文本，便于存储、检索和编辑，提高办公效率。
- **智能搜索**：通过图像中的文字内容检索相关信息。例如，扫描书籍封面或海报，自动识别书名或活动信息，实现快速搜索。

动手练　图像文字识别

下面使用DeepSeek提取图像中的文字内容，具体操作步骤如下。

步骤01 打开DeepSeek，上传如图4-26所示的图像。

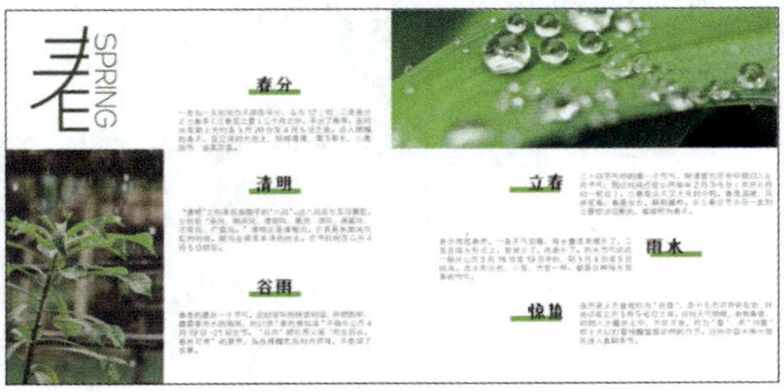

图 4-26

步骤 **02** 输入提示词："<u>提取附件中的文字</u>"。单击"发送"按钮 ⬆️，即可将图中文字识别并以文本形式输出。在图像识别与反向生成过程中，可能出现识别结果不准确的情况。用户可通过"系统自动修正"和"人工手动修正"两种方式进行再次编辑。

4.6 实战演练：水墨荷塘月色

本演练使用DeepSeek对朱自清的《荷塘月色》进行解读，生成相关提示词，然后在即梦AI中生成与文章意境相适配的插图，具体操作步骤如下。

步骤 **01** 打开DeepSeek，进入操作界面，输入提示词："<u>提取《荷塘月色》中核心场景，转换为视觉元素，并生成提示词</u>"。

步骤 **02** 单击"发送"按钮 ⬆️，生成如下内容。

DeepSeek

核心场景视觉元素提取及提示词生成。

1. 荷塘月色（主体场景）
视觉元素：
- 满月倒映在荷塘中，形成金色/银色的破碎光斑。
- 田田的荷叶高低错落，边缘泛着月光。
- 绽放的荷花（粉白或淡红）与含苞待放的荷花布满池塘。
- 薄雾笼罩水面，月光穿透雾气形成朦胧光晕。

提示词：
"夜荷塘，满月倒映，荷叶层叠如波浪，月光洒落银辉，薄雾弥漫，荷花静立，中国水墨画风格，青蓝与暖黄对比色调，朦胧诗意"。

2. 小煤屑路（环境铺垫）
视觉元素：
- 幽僻的曲折小径，铺满煤渣（深灰色颗粒质感）。
- 两侧高大垂柳的阴影，枝条随风轻拂。
- 远处微弱灯火（暗示人间烟火与孤独感）。

提示词：
"煤渣小路蜿蜒，垂柳阴影婆娑，冷色调夜景，远处暖黄灯火点缀，孤独行人剪影，印象派笔触"。

3. 树梢蝉鸣与蛙声（听觉转视觉）
视觉元素：
- 蝉的透明翅膀在月光下反光（微距特写）。
- 青蛙蹲坐荷叶上，喉部鼓动，水面涟漪扩散。
- 声波抽象化为半透明波纹，与月光交织。

提示词：

"夏夜蝉翼透光，青蛙蹲伏荷叶，声波可视化涟漪，霓虹蓝与月光白，超现实自然主义"。

4. 采莲遐想（虚写场景）

视觉元素：

- 古代采莲女子背影，木舟划过荷丛。
- 莲蓬与花瓣漂浮水面，萤火虫光点环绕。
- 水墨晕染的江南远山轮廓。

提示词：

"古风采莲女泛舟荷塘，萤火微光，写意山水背景，工笔与泼墨结合，朱砂红点缀青绿调"。

5. 光影交织（关键意象）

视觉元素：

- 月光透过树叶缝隙，在地面投下镂空光斑。
- 荷塘水纹将倒映的月光扭曲成流动的几何形。

提示词：

"树影光斑投影，水面破碎月光，动态光影抽象画，深蓝底色与金属质感高光"。

6. 综合版提示词（全景构图）

"朱自清《荷塘月色》主题，夏夜荷塘全景，满月倒映碎银光，层叠荷叶与绽放荷花，薄雾朦胧，垂柳沿岸摇曳，小径幽深延伸至远处灯火，青蛙与蝉声化为视觉涟漪，采莲女虚影泛舟，水墨丹青风格，青蓝主色调搭配月黄金光，宁静孤寂氛围，8K超精细渲染"。

7. 风格化建议

- **中国风**：参考吴冠中水墨点线构图。
- **超现实**：用发光粒子表现"梵婀玲上奏着的名曲"。
- **暗调摄影**：突出明暗对比（荷叶剪影与高光水面）。

步骤 03 继续输入提示词："生成综合版提示词（全景构图），适用于书籍插图，2、3种"。单击"发送"按钮 ⬆ ，生成如下内容。

DeepSeek

以下是3种适合书籍插画的《荷塘月色》综合版提示词，分别侧重于传统水墨风格、现代光影风格以及线描淡彩风格，兼顾文学性与视觉表现力。

1. 水墨诗意版（传统书籍插图）

提示词：

"朱自清《荷塘月色》书籍插画，中国水墨风格，全景构图：夏夜荷塘被满月照亮，田田荷叶以泼墨笔触层叠渲染，粉白荷花零星点缀，水面倒映破碎月光与垂柳阴影；左侧幽僻煤屑小径蜿蜒至远处暖黄灯火，右侧虚化采莲女泛舟背影，萤火虫光点如散金，背景融入淡青远山。整体以青灰为主色调，月白与朱砂提亮，留白处题写散文节选小楷，古典雅致"。

适用场景：
- 文学经典复刻版封面。
- 章节首页装饰插图。
- 水墨主题绘本。

2. 光影氛围版（现代文艺插图）

提示词：

"《荷塘月色》现代插画，横向全景构图：深蓝夜幕下的荷塘，月光通过垂柳缝隙洒落，形成明暗交织的光柱；荷叶群以半透明水彩叠涂表现层次，三朵荷花（两朵绽放、一朵含苞）作为视觉焦点；近景煤渣小路用炭笔质感刻画，中景水面波纹抽象为流动金色线条，远景雾中隐约江南建筑剪影。色调以靛蓝+银白为主，蝉翼与蛙鸣通过极细光点符号化呈现，画面右下角预留1/4空白用于排版文字"。

适用场景：
- 青少年文学版本内页插图。
- 电子书动态背景（可分层设计）。
- 文创周边图案。

3. 线描淡彩版（黑白书籍装饰）

提示词：

"《荷塘月色》线描插画，钢笔勾线+数字水彩：全景视角从高空俯视荷塘，荷叶轮廓以精细排线表现纹理，荷花中心用红色单点强调；月光路径由密到疏的虚线引导视线，小径上的行人简化为抽象符号，背景树丛仅用点阵暗示。单色主图（深灰墨水色），可搭配浅青/淡粉专色印刷，适合作为章节分隔页"。

适用场景：
- 黑白印刷版书籍装饰。
- 读者笔记手账素材。
- 线装书页眉页脚图案。

4. 风格选择建议

- 如需突出原文意境，优先选水墨版。
- 如需适配现代设计，选光影版并请求提供PSD分层文件。
- 预算有限时线描版最经济且适配性强。

步骤 04 打开即梦AI，进入"图片生成"界面，在左上角的输入框中输入提示词："朱自清《荷塘月色》书籍插画，中国水墨风格，全景构图：夏夜荷塘被满月照亮，田田荷叶以泼墨笔触层叠渲染，粉白荷花零星点缀，水面倒映破碎月光与垂柳阴影；左侧幽僻煤屑小径蜿蜒至远处暖黄灯火，右侧虚化采莲女泛舟背影，萤火虫光点如散金，背景融入淡青远山。整体以青灰为主色调，月白与朱砂提亮"。

步骤 05 输入提示词后，设置图片比例为3∶2，单击"立即生成"按钮。系统将根据描述自动生成创意图像，生成的图像效果如图4-27所示。

图 4-27

步骤 06 单击任意一张生成的图像，即可查看详细效果，如图4-28所示。

图 4-28

第5章

图生图：
智能重构与衍生

通过学习本章内容，读者将全面了解图生图技术的核心原理与应用方法，掌握如何通过AI工具对图像进行智能重构、风格迁移、局部编辑及动态化处理。本章将深入讲解不同图生图模式的技术特点、操作流程及优化策略，并结合实战案例，帮助读者熟练运用通义万相、豆包、即梦AI、可灵等工具，实现从静态图像到创意衍生作品的转化，提升设计效率与艺术表现力。

5.1　图生图核心技术

图生图是指利用人工智能技术，将输入图像转换为另一张具有特定风格、内容或结构的输出图像的技术。

5.1.1　传统修图与AI图生图

传统修图依赖人工操作（如使用Photoshop软件），而AI图生图通过算法自动生成图像。本节从技术原理、操作方式、效率、灵活性及应用场景对二者展开对比，以帮助读者理解技术演进路径。

1．技术原理

传统修图的核心是基于像素级的手动编辑，依赖专业软件（如Photoshop）提供的工具集，包括图层、蒙版、画笔、滤镜等。用户需要对图像的每个细节进行逐一调整，技术门槛较高，且效果直接取决于操作者的技能水平。

相比之下，AI图生图依托深度学习算法，如生成对抗网络（GAN）和扩散模型（Diffusion Model），通过大量数据训练实现图像的自动生成或修改。用户仅需输入提示词，算法即可根据语义理解生成符合要求的图像，极大地降低了技术门槛。

2．操作方式

传统修图需手动逐一调整各项参数。例如在调整图像色彩时，要手动设置色相、饱和度、明度等参数，如图5-1所示；处理图像清晰度时，要手动调节锐化程度等。这高度依赖用户的专业技能与经验，操作者需熟悉软件工具的使用，并且具备一定的美学和图像处理知识，才能达到理想效果。

图 5-1

AI图生图则简化了这一过程，用户通过自然语言描述需求，如输入提示词："将这幅图转换为3D风格"，系统即可快速输出结果，如图5-2所示。操作更加直观，但对提示词的准确性要求较高，且生成结果可能存在随机性。

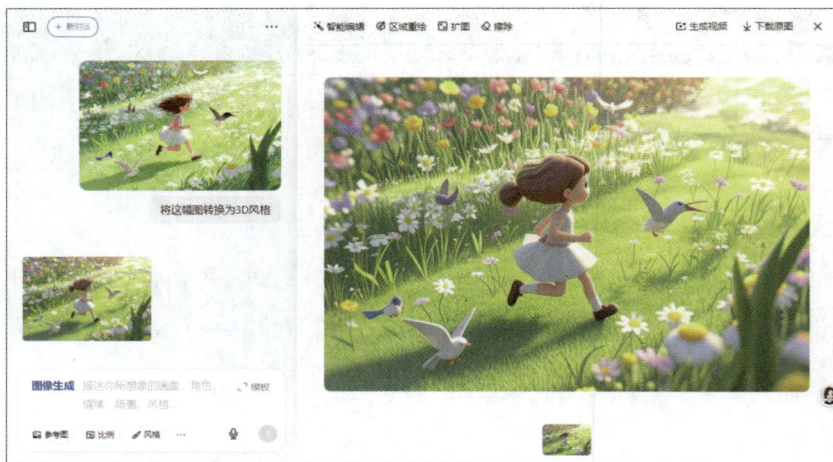

图 5-2

3．效率

在效率方面，传统修图通常需要数小时甚至数天才能完成单张图像的高精度处理，尤其在艺术创作或商业项目中，细节打磨耗时较长。

AI图生图的优势在于其分钟级的生成速度，并能支持批量处理。例如，设计师可通过AI快速生成多套方案草图，显著提升前期构思的效率。然而，若需进一步调整细节，仍需结合传统修图工具。

4．灵活性

传统修图的灵活性体现在对图像细节的绝对控制，用户可精确到像素级别进行修改，适合对精度要求极高的场景，如文物修复或广告大片制作。

AI图生图在风格迁移和创意发散上表现突出，能够轻松实现不同艺术风格的转换。但其局限性在于对特定细节（如人物五官、物体结构）的精准控制能力较弱，生成结果可能不符合预期，需反复进行调试提示词或后期人工修正。

5．应用场景

传统修图广泛应用于商业摄影、高端艺术创作以及需要精细修复的领域，例如杂志封面制作或老照片修复，其成品质量稳定且可控。

AI图生图更适合概念设计、风格化内容生成以及实时需求场景。例如，游戏开发者可用AI快速生成角色原画，或自媒体创作者批量生产风格统一的配图。此外，AI在快速原型设计、虚拟场景构建等方面也展现出了巨大潜力。

5.1.2　图生图定义与核心原理

图生图是指利用人工智能技术，将输入图像（如照片、草图、低分辨率图像等）自动转换为符合特定要求的输出图像的过程。其核心目标是学习输入与目标图像之间的映射关系，实现风格转换、内容生成、修复增强等任务。与文生图不同，图生图的输入和输出均为图像，且更强调对现有图像的转换，而非从零生成。

图生图技术主要基于生成对抗网络、变分自编码器和扩散模型三类深度学习模型。

1．生成对抗网络

通过生成器（Generator）和判别器（Discriminator）的对抗训练生成逼真图像，其优势在于生成速度快，适合风格迁移、图像修复等任务。

- **生成器：** 学习输入图像的特征，生成与目标图像风格或内容相近的假图像。
- **判别器：** 判断输入图像是真（来自数据集）还是假（由生成器生成）。
- **对抗训练：** 生成器与判别器相互博弈，生成器不断提高生成图像的真实性，判别器不断提高判别能力，最终生成器能够生成高质量的图像。

2．变分自编码器（VAE）

通过编码器—解码器结构学习图像的潜在表示，实现图像重建或转换。其优势在于生成过程稳定，适合图像去噪、低分辨率增强等任务。

- **编码器：** 将输入图像压缩为低维潜在向量，捕捉图像的关键特征。
- **解码器：** 从潜在向量中重建图像，生成与输入图像相似的新图像。
- **潜在空间：** 通过学习潜在向量的分布，可以在潜在空间中进行插值或采样，生成多样化的图像。

3．扩散模型

通过逐步去噪过程生成高质量图像，在图生图中常结合控制信号（如ControlNet）实现精确编辑。

> ⊗**注意** 扩散模型的基础原理在文生图部分已详细介绍。

▌5.1.3　常见应用场景

图生图技术凭借其强大的图像转换和生成能力，已在多个领域得到广泛应用。以下是其主要应用场景。

1．影视后期制作

- **风格化特效：** 通过AI算法将实拍画面转换为油画、水墨画等艺术风格，同时支持动态粒子效果渲染，为电影、动画提供极具创新性的视觉表现。
- **动态天气模拟：** 能够实时生成带有体积雾粒子的雨雪效果，并且支持风力、密度、持续时间等参数调节，使场景更加真实细腻。
- **老片修复：** 采用4K/8K超分辨率重建技术，智能还原经典影片的原始粒子噪点质感，完整保留胶片时代特色。

2．视频增强与修复

- **超分辨率重建：** 基于深度学习算法，将低分辨率监控视频转换为高清格式，显著提升关键细节识别能力。
- **智能修复系统：** 自动完成老旧影片的划痕修复、色彩校正和帧率提升，最高支持24～60fps

的流畅度转换。

- **动态补偿技术：** 在体育赛事转播中实现动作细节的完美呈现，为观众带来极致流畅的观看体验。

3. 广告创意与营销

- **智能素材生成：** 可快速产出高质量的产品宣传图、海报及横幅广告，支持用户实时修改画面元素、调整风格，大幅缩短广告制作周期，满足快速投放需求。
- **品牌视觉系统：** 依据品牌DNA自动生成系列插画、Logo和IP形象，确保品牌在不同宣传场景下的视觉风格高度统一，强化品牌形象记忆点。
- **社交内容引擎：** 为各社交平台定制化生成具有高互动性的内容，结合平台用户特点和流行趋势，有效提升用户的参与度和转化率，助力品牌社交传播。

4. 室内与建筑设计

- **虚拟样板间：** 将设计草图一键转换为逼真的3D渲染图，支持用户进行多角度展示和实时修改，方便设计师与客户沟通，直观呈现设计方案效果。
- **材料替换模拟：** 快速生成不同材质，如木地板、大理石的视觉效果。设计师和客户能够直观地比较不同材质在空间中的呈现效果，从而更科学地作出设计决策，避免实际施工时因材质选择不当而带来的问题。
- **光照模拟系统：** 能够准确预测建筑空间在不同时段的光影变化，包括自然光和人工照明效果，辅助设计师做出最优的采光和照明设计决策。

5. 电子商务创新

- **虚拟试衣间：** 基于人体工学算法，精准模拟服装上身效果，支持用户进行多角度查看，让消费者在线上也能获得接近线下试穿的体验，减少因尺码、款式不合适导致的退货率。
- **3D商品展示：** 将静态商品图片转换为可交互的3D模型，支持360°旋转和细节缩放，全方位展示商品外观和细节，增强商品吸引力和消费者购买意愿。
- **智能包装设计：** 根据商品特性，如尺寸、重量、形状等，自动生成个性化包装方案，在保证包装保护功能的同时，降低设计成本，减少材料浪费。

6. 文化遗产保护

- **高精度修复：** 采用多光谱扫描技术，对老照片和壁画进行无损检测和修复，精准还原其原始色彩与细节，最大程度保护文化遗产的历史信息。
- **数字化存档：** 将文物扫描数据转换为高保真3D模型，建立完整的数字资产库，为文物研究、保护和传承提供可靠的数字资料，避免文物因自然因素或人为因素损坏而造成信息丢失。
- **虚拟展览系统：** 支持在线沉浸式观展，用户可通过VR设备或网页身临其境般欣赏文物，突破时空限制，实现文化遗产的广泛传播。

7. 个性化内容创作

- **社交媒体头像生成：** 用户上传照片后，系统可快速生成动漫、水墨画等艺术风格头像，满足用户在社交平台上展现个性的需求。

- **时光穿梭效果**：通过 AI 算法模拟"老年形象""童年照片修复"等效果，增强用户互动乐趣，同时唤起用户情感共鸣，创造独特的社交分享内容。
- **家庭相册增强**：自动优化老照片的清晰度与色彩，去除照片中的划痕、污渍等瑕疵，让家庭记忆以更好的状态保存和传承。

动手练 使用豆包将人物照片转换为水墨画风格

下面使用豆包将人物照片转为水墨画风格，具体操作步骤如下。

步骤01 打开豆包，进入工作界面，单击"图像生成"按钮，显示如图5-3所示的界面。

图 5-3

步骤02 单击"参考图"按钮，在弹出的"打开"对话框中选择如图5-4所示的图像素材并上传。

步骤03 返回"图像生成"界面，单击"风格"按钮，在弹出的菜单中选择"水墨画"选项，如图5-5所示。

图 5-4

图 5-5

步骤04 继续在输入框中输入提示词："保留原图像的主体元素"，如图5-6所示。

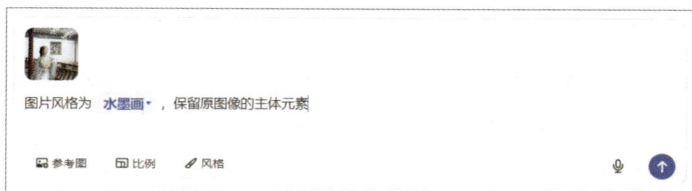

图 5-6

步骤 05 单击"发送"按钮 ↑，系统将根据提示词进行生成，效果如图5-7所示。

图 5-7

5.2 四大应用模式

图生图技术通过不同的输入输出组合（如图像+图像、图像+文本）实现多样化的图像转换需求。下面对图生图中的四大应用模式进行介绍。

5.2.1 风格迁移

风格迁移（Style Transfer）是指将原图像的内容（如物体、结构、场景）与目标风格图像的艺术特征（如笔触、色彩、纹理）相结合，生成具有新风格的图像，同时保留原图的核心内容结构。该技术广泛应用于艺术创作、广告设计、影视特效等领域。其技术原理如下。

1. 内容提取

内容提取阶段借助预训练模型（如VGG-19）的深层卷积层（如conv4_2）提取图像的高阶语义特征，例如物体的轮廓、空间布局等。深层卷积层因其较大的感受野和强大的抽象能力，能够捕捉图像中全局的、语义级别的特征信息，这些特征对于保留原图的核心内容至关重要。

2. 风格提取

风格提取阶段利用同一网络的浅层卷积层来捕捉风格图像的纹理、色彩分布等特征，即通过计算Gram矩阵来量化风格特征。Gram矩阵反映了特征通道之间的相关性，能够有效表示图像的风格信息。浅层卷积层对图像的局部细节更为敏感，因此更适合提取风格特征。

3. 融合生成

融合生成阶段将内容特征与风格特征进行有机结合，然后通过解码器生成目标图像。解码器通常采用反卷积网络（或转置卷积）将融合后的高维特征向量映射回像素空间，从而得到可视化的图像。在融合过程中需要精心设计损失函数。

- **内容损失（Content Loss）**：确保生成图像与原图像在深层特征上保持一致。

● **风格损失（Style Loss）**：最小化生成图像与风格图像在Gram矩阵上的差异。

通过调整内容损失和风格损失的权重，可以平衡内容保留与风格迁移的程度，最终生成既具有目标风格艺术特色，又能保留原图核心内容的图像。

动手练 **使用通义万相将风景照转为油画风格**

下面使用通义万相将风景照转为油画风格，具体操作步骤如下。

步骤 01 打开通义万相进入工作界面，单击"应用广场"按钮，显示如图5-8所示的界面。

图 5-8

步骤 02 单击"风格迁移"按钮，跳转至如图5-9所示的界面。

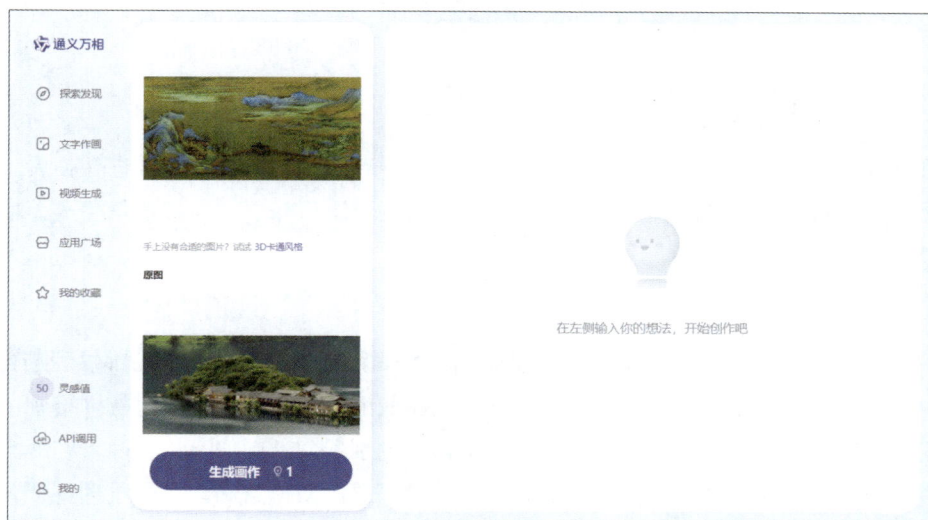

图 5-9

步骤 03 在"风格图"处单击添加如图5-10所示的图像。在"原图"处单击，添加如图5-11所示的图像。

步骤 04 单击"生成画作"按钮，效果如图5-12所示。

图 5-10

图 5-11

图 5-12

5.2.2　图像扩展

　　图像扩展是在保持图像原有内容完整性的基础上，对图像的尺寸或场景进行拓展，增加新的视觉元素或空间，使图像内容更加丰富。该技术常用于图像修复、虚拟场景生成等场景。其技术原理如下。

1．特征分析

　　利用扩散模型（Diffusion Model）或生成对抗网络对图像的全局语义和局部纹理进行学习。扩散模型通过逐步添加噪声并学习去噪过程来捕捉图像的特征分布；生成对抗网络则由生成器和判别器相互对抗，生成器生成图像以欺骗判别器，判别器判断图像真伪，两者在博弈过程中学习到图像的特征。通过这些模型，可以获取图像的深层语义信息和丰富的纹理特征，为后续的图像扩展提供基础。

2．边缘检测

　　采用Canny算法定位图像边界。Canny算法是一种多级边缘检测算法，它通过高斯滤波去噪、计算图像梯度、非极大值抑制以及双阈值检测等步骤，精确地确定图像中的边缘位置，从而确定扩展区域的位置。

3．上下文推理

利用卷积神经网络（如U-Net）或Transformer模型，根据未扩展区域的内容推断扩展区域的像素值。

- U-Net：采用编码器—解码器结构，通过跳跃连接保留多尺度上下文信息，特别适合处理局部细节的生成任务。
- Transformer模型：基于自注意力机制，能够建模图像中的全局依赖关系，确保生成内容在语义和风格上与原始图像保持一致。

动手练 使用豆包扩展人物场景

下面使用豆包为人物扩展场景，具体操作步骤如下。

步骤 01 打开豆包，进入工作界面，单击"图像生成"按钮，继续单击"扩图"按钮并上传图像，在新的界面中设置图片比例为4：3，如图5-13所示。

图 5-13

步骤 02 单击"按新尺寸生成图片"按钮，效果如图5-14所示。

图 5-14

▌5.2.3　局部编辑

图生图的局部编辑是指仅对图像的特定区域进行修改，而保持其他部分不变的技术。它允许用户通过文本提示或交互式工具（如涂鸦、蒙版）精确控制编辑范围，实现更精细的图像生成。该技术广泛应用于电商商品图编辑、虚拟试衣等领域。其核心功能如下。

1．区域精准控制

用户可以利用输入的蒙版或涂鸦来指定编辑区域。蒙版是一种二值图像，其中白色区域表示需要编辑的部分，黑色区域表示保持不变的部分；涂鸦则是用户直接在图像上绘制的大致轮廓，模型会根据涂鸦的形状和位置来确定编辑区域。通过这种方式，用户能够精确地定义想要修改的图像部分，避免对其他无关区域的干扰。

2．上下文感知生成

模型通过以下机制保证编辑内容与原始图像的自然融合。
- **特征提取：** 分析未编辑区域的色彩分布、纹理特征和光照条件。
- **风格迁移：** 使生成内容与原始图像保持视觉一致性。
- **结构保持：** 维持透视关系和几何结构的合理性。

例如，在人物照片编辑中，模型会根据原始肤色和光线自动调整新生成衣物的色彩和阴影，确保整体协调自然。

3．多模态输入

用户可以通过多种方式指定编辑内容，包括文本提示和上传图像素材。

（1）文本提示

用户可以输入简洁的文本指令，如"将眼镜换成墨镜""把头发染成红色"等。模型会根据文本提示理解用户的意图，并生成相应的编辑结果。文本提示的优点是操作简单、方便快捷，用户只需用文字描述想要的效果即可。

（2）上传图像素材

用户还可以上传新的图像素材，如新的图案、物品图片等，指定将其应用到图像的特定区域。模型会将上传的素材与原图进行融合，生成符合要求的编辑图像。例如，在电商商品图编辑中，商家可以上传新的产品图案，将其应用到商品的包装上，以展示不同的设计效果。

动手练 使用豆包为模特换装

下面使用豆包为模特换装，具体操作步骤如下。

步骤 01 打开豆包，进入工作界面，单击"图像生成"按钮，显示如图5-15所示的界面。

步骤 02 继续单击"区域重绘"按钮并上传图像，在新的界面中使用画笔涂抹旗袍部分，释放鼠标左键后在文本框中输入提示词："替换旗袍的样式为新中式国风"，如图5-16所示。

步骤 03 单击"发送"按钮↑，系统将根据提示词进行生成，效果如图5-17所示。

图 5-15

图 5-16

图 5-17

5.2.4 图像生成控制

图生图的图像生成控制（如ControlNet）是通过额外输入，如草图、深度图、姿态关键点等，精确控制生成图像的构图、结构或动态效果。该技术广泛应用于游戏角色设计、工业设计、草图渲染等领域。其技术原理如下。

1．多条件输入

- **草图控制**：用户输入简单的线稿草图，ControlNet能依据草图的轮廓和构图，生成细节丰富、内容完整的图像，常用于建筑效果图、产品设计图等创作场景。
- **姿态关键点**：通过指定人体或生物的动作姿态关键点，系统可生成对应姿态的角色形象，在动画设计、游戏角色动作制作等方面发挥重要作用。
- **深度图**：输入场景或物体的深度图信息，可精准控制生成图像的空间层次和透视关系，用于虚拟场景搭建、3D模型渲染等。

2．模型架构

ControlNet在扩散模型的基础上进行改进，引入额外的控制分支。该控制分支可以将额外输入条件（如草图、深度图等）与扩散模型的生成过程紧密结合，在图像生成过程中，强制模型严格遵循输入条件，从而实现对生成内容的精准控制，使输出图像在满足语义需求的同时，更符合指定的结构、构图或动态要求。

动手练 使用即梦AI优化草图

下面使用即梦AI优化草图，具体操作步骤如下。

步骤 01 打开即梦AI，在"图片生成"界面的输入框下方单击"导入参考图"按钮。在弹出的"打开"对话框中选择素材图像，跳转至图5-18所示的界面。

图 5-18

步骤 02 单击"保存"按钮后，在输入框中输入提示词："为该照片进行上色处理"，单击"立即生成"按钮，系统将生成四张不同的图像，单击缩览图即可查看效果，如图5-19所示。

步骤 03 单击右下角的"细节修复"按钮，效果如图5-20所示。

图 5-19

图 5-20

5.3 基于图像的AI视频生成

在图像生成技术日益成熟的今天，AI的创造力已不再局限于单帧画面的转换。基于图像的AI视频生成将静态图像作为输入，通过深度学习模型赋予其动态表现力，实现从"瞬间定格"到"连续叙事"的跨越。

5.3.1 图文内容动态化

图文内容动态化技术能够将静态的平面设计、插画或照片转化为生动的动态内容，适用于社交媒体广告、品牌宣传片、教育动画等场景。其核心技术如下。

1. 运动轨迹预测技术

运动轨迹预测技术基于光流（Optical Flow）轨迹或时空注意力机制，预测图像中物体的运动方向和速度。例如，通过分析静态插画中云彩的纹理，生成自然飘动的动画效果。

2．分层动画技术

分层动画技术将图像分解为前景、背景、角色等不同层次，分别赋予动态属性。例如，在一张城市风景图中，可单独为车辆、行人、光影等元素添加动画，实现"画中画"式的动态叙事。

3．商业应用案例

- **社交媒体广告**：将产品海报转化为动态视频，提升用户互动率。
- **教育动画**：将科学插图转化为动态演示，辅助知识讲解。
- **虚拟展厅**：为静态艺术作品添加光影变化，增强沉浸感。

动手练 使用可灵生成火山爆发效果

下面使用可灵生成火山爆发效果，具体操作步骤如下。

步骤01 打开可灵，单击"视频生成"按钮进入"视频生成"界面，继续单击"文生视频"按钮，在输入框上方单击DeepSeek按钮，如图5-21所示。

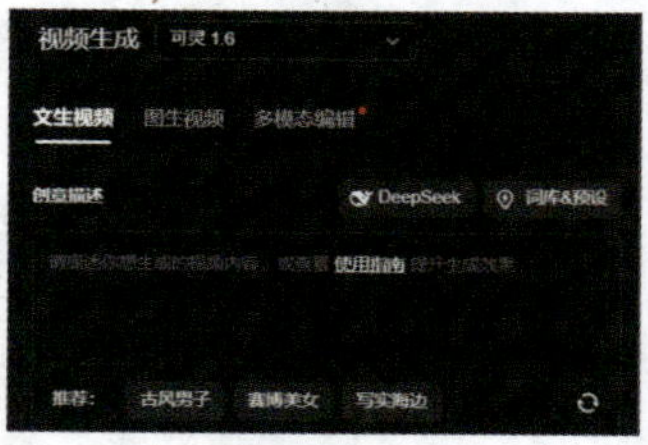

图 5-21

步骤02 激活"DeepSeek-R1 灵感版"功能，输入提示词："动态化火山喷发插图，岩浆层用黏稠流体模拟向上涌动，烟雾粒子按风速场扩散，地壳板块缓慢开裂，5秒，扁平化演示"，单击"发送"按钮，系统自动深度思考。

DeepSeek

好的，我需要处理用户关于生成视频提示词的请求。用户这次的需求是"动态化火山喷发插图，岩浆层用黏稠流体模拟向上涌动，烟雾粒子按风速场扩散，地壳板块缓慢开裂，5秒，扁平化演示"。首先，我需要按照之前设定的规则来分析这个请求。首先，用户提到了几个关键元素：火山喷发的动态插图、黏稠流体模拟的岩浆、烟雾粒子按风速场扩散、地壳板块开裂，以及5秒时长和扁平化演示风格。这些都是必须保留的关键元素，不能遗漏。

接下来，按照生成Prompt的逻辑，我需要确定六个必要成分：主体、主体描述、主体动作、场景、场景描述、其他细节补充。这里的主体显然是火山喷发，主体描述是动态化插图和扁平化风格。主体动作包括岩浆向上涌动、烟雾扩散、地壳开裂。场景可能设定在地质环境，场景描述需要包含扁平化演示的科学质感。其他细节补充需要考虑运镜、景别、光影等。

根据用户提到的"扁平化演示"，我需要确保整体风格符合扁平化设计，可能使用简约背景和几何形状。用户还提到5秒时长，但提示词中不需要直接写时间，而是通过动作描述来体现动态过程。烟雾粒子按风速场扩散可能需要避免使用粒子特效词汇，但用户明确提及，所以必须保留。

接下来检查禁止项，用户提到了黏稠流体、烟雾粒子、地壳开裂，这些属于允许的内容，但需要确保不出现禁止的复杂物理运动或特效词汇。用户的需求中没有提到运镜，但可能需要远景展示火山全貌，使用仰视角度来增加张力。光影方面，暖光和自然光交织可以烘托氛围。

最后，整合所有元素，确保提示词连贯且符合字数要求。需要将六个成分自然连接，避免使用禁止的符号，保持语句通顺。例如："扁平化风格的动态火山喷发演示，黏稠岩浆以流体形态沿山体向上涌动，地壳板块匀速裂开缝隙，烟雾粒子按虚拟风速轨迹扩散，仰视远景呈现整体地质运动，暖光与自然光交织，简约背景凸显科学演示的几何美感"。

检查是否有遗漏的关键元素，如扁平化、风速场、5秒（通过动态描述暗示），并确保没有违反生成禁止项。最终输出符合格式的要求，没有多余内容，结构正确。

步骤 03 根据深度思考，生成以下提示词。

扁平化风格的动态火山喷发演示，黏稠岩浆以流体形态沿山体向上涌动，地壳板块匀速裂开缝隙，烟雾粒子按虚拟风速轨迹扩散，仰视远景呈现整体地质运动，暖光与自然光交织，简约背景凸显科学演示的几何美感。

步骤 04 单击提示词后的"使用提示词"按钮，自动将内容填充至输入框内，如图5-22所示。

步骤 05 单击"立即生成"按钮，效果如图5-23所示。

图 5-22

图 5-23

5.3.2 人物视频生成

人物视频生成技术专注于将静态人物图像转化为自然流畅的视频序列，适用于影视制作、虚拟主播、个性化视频生成等场景。其核心技术如下。

1. 面部动画技术

面部动画技术基于面部关键点检测（如68点模型）和生成对抗网络，实现表情的细微变化（如微笑、眨眼、皱眉）。例如，通过输入一张人物肖像，生成其说话、唱歌或做出特定表情的动态视频。

2. 全身动作生成技术

全身动作生成技术结合运动捕捉数据和时空卷积网络（3D-CNN），生成符合物理规律的全身动作。例如，将一张模特照片转化为走秀视频，或为历史人物画像添加动态姿势。

3. 应用场景

● **影视制作**：快速生成虚拟演员的表演片段。

- **虚拟主播**：通过实时驱动面部和肢体动作，实现24小时不间断直播。
- **个性化视频**：上传照片后，系统自动生成生日祝福、节日贺卡等定制化视频。

动手练 使用即梦AI让古画人物动起来

下面使用即梦AI让古画中的人物动起来，具体操作步骤如下。

步骤01 打开即梦AI，在"视频生成"界面单击"图片生视频"按钮，如图5-24所示。

步骤02 单击"上传图片"按钮，在弹出的"打开"对话框中上传素材图像，在输入框中输入提示词："请让这幅图中的人物动起来，她们正在演奏乐器。保持背景不变，只让人物进行互动和演奏动作"，如图5-25所示。

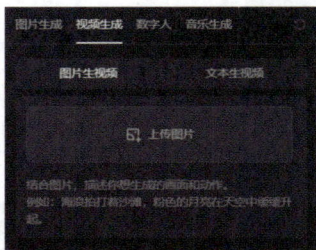

图 5-24   图 5-25

步骤03 单击"立即生成"按钮，系统将根据描述自动生成视频，如图5-26所示。

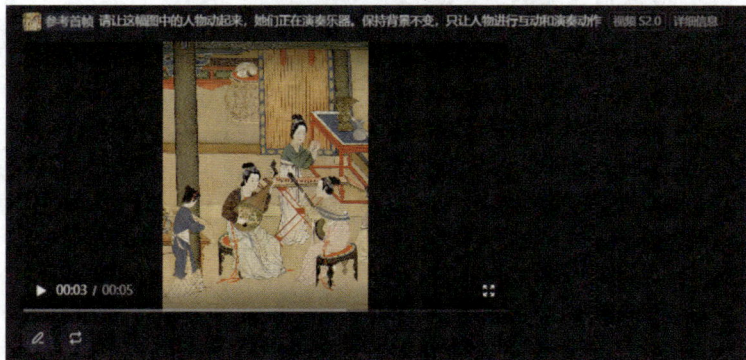

图 5-26

步骤04 效果如图5-27～图5-29所示。

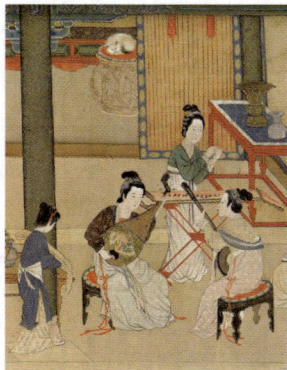
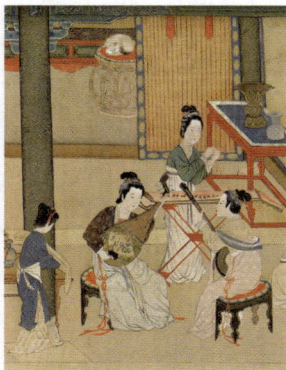

图 5-27   图 5-28   图 5-29

5.3.3　商品3D视频生成

商品3D视频生成技术为电子商务和产品展示带来革新，通过将静态商品图转化为可交互的3D动态视频，提升用户购买决策效率。其核心技术如下。

1．3D建模技术

3D建模技术基于单张或多张商品图像，利用深度学习模型（如NeRF、3D-GAN）自动生成高质量3D模型。例如，输入一张家具照片，系统可快速重建其3D结构并添加材质和纹理。

2．动态展示功能

- **视角旋转**：用户可使用手势或鼠标拖曳的方式360°查看商品细节。
- **物理模拟**：为服装商品添加布料动态模拟，展示真实穿着效果。
- **光影交互**：实时渲染商品在不同光照条件下的表现（如金属反光、织物褶皱）。

3．商业价值

- **数据稀缺性**：人物视频生成需大量高质量动作捕捉数据，而商品3D建模依赖精确的CAD模型，数据不足可能导致生成结果失真。
- **计算成本**：实时渲染3D视频对算力要求极高，需优化模型效率或结合边缘计算。
- **伦理与版权**：动态化技术可能被滥用（如伪造视频证据），需建立内容溯源和版权保护机制。

动手练　使用即梦AI生成模特展示视频

下面使用即梦AI生成模特展示视频，具体操作步骤如下。

步骤01　打开即梦AI，在"视频生成"界面单击"文本生视频"按钮，输入框下方有"DeepSeek-R1"按钮，如图5-30所示，单击后跳转至图5-31所示界面。

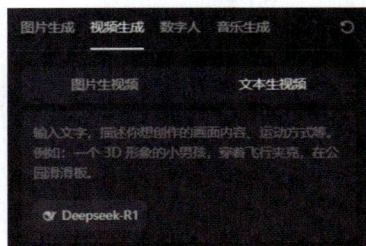

图 5-30

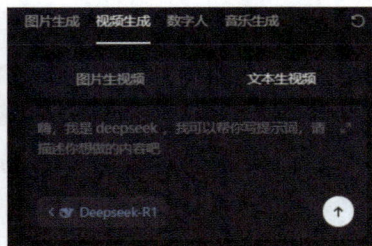

图 5-31

步骤02　在输入框中输入提示词："女装、模特、多角度展示"。向下拖动设置图片比例为9：16，单击"发送"按钮 ⦿，经过深度思考后生成以下三种推荐提示词。

模特优雅转身展示驼色风衣立体剪裁，前镜头凸显双排金属扣开合动态，侧身时腰带自然收束勾勒曲线，后摆丝绸蝴蝶结随步伐轻盈飘动，面料在行走间泛起柔光涟漪。

职业装女性自信行走多角度呈现，正面西装领口珠片随步态闪烁，转身时A字裙摆划出流畅弧度，侧面镜头捕捉袖口金线刺绣细节，光影在挺括面料上形成渐变波纹。

时尚高挑模特站立分段展示套装，上半身定格展示领口钉珠细节，下半身定格展示裙摆立体剪裁，最后全身旋转呈现流线型轮廓，冷调灯光凸显面料金属光泽。

步骤 03 选择第一种推荐提示词，单击"立即生成"按钮。系统将根据描述自动生成视频，如图5-32所示。

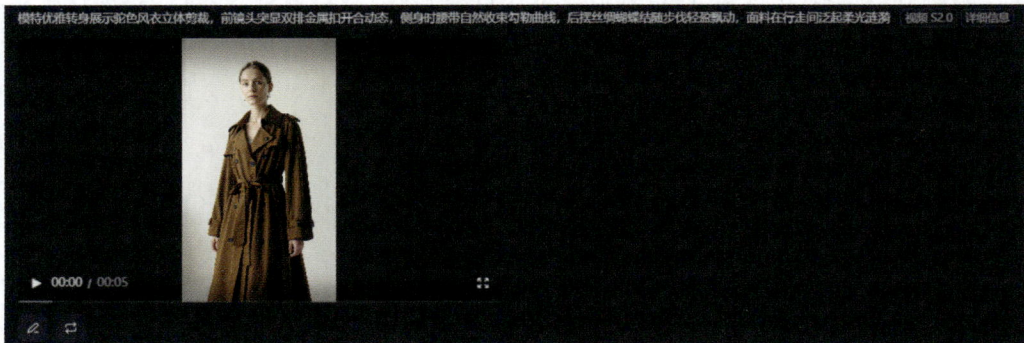

图 5-32

步骤 04 效果如图5-33～图5-36所示。

图 5-33 　　　　　　图 5-34 　　　　　　图 5-35 　　　　　　图 5-36

5.4 实战演练：古诗意境动态化——《江雪》

下面使用即梦AI中的DeepSeek-R1功能，将古诗《江雪》意象化，然后选择其中的一种提示词，生成图片后将其动态化，具体操作步骤如下。

步骤 01 打开即梦AI，在"图片生成"界面单击"DeepSeek-R1"选项按钮，输入提示词："江雪，孤舟蓑笠翁，独钓寒江雪"。向下拖动设置图片比例为16：9，单击"发送"按钮 ⊙，经过深度思考后生成以下四种推荐提示词。

> 孤舟蓑笠翁持钓竿独坐船头，寒江雪景中只留船体轮廓剪影，宋代水墨写意，俯视镜头，冷墨青色调，枯笔飞白技法。
>
> 戴斗笠的老者蜷坐船尾垂钓，被雪雾笼罩的江面延伸至天际线，唐代青绿山水，全景深构图，积雪压枝细节，留白处题写柳宗元诗句。
>
> 三角形构图的雪山倒映江中，小舟横向切割画面三分之二处，渔翁背影融入雪幕，马远一角式构图，绢本设色质感，雾凇晶莹渐变处理。

垂直构图的悬崖夹江对峙，孤舟如墨点漂浮江心，渔翁蓑衣结冰霜，北宋雪景寒林画风，琉璃蓝冷调，冰裂纹肌理，雪花动态笔触描边。

步骤 02 选择第一种推荐提示词，单击"立即生成"按钮。系统将根据描述自动生成创意图像，生成的图像效果如图5-37所示。

图 5-37

步骤 03 单击任意一张生成的图像，即可查看详细效果，如图5-38所示。

图 5-38

步骤 04 单击右下角的"擦除笔"按钮，使用画笔涂抹右上角文字部分，如图5-39所示。

图 5-39

步骤 05 单击"立即生成"按钮，系统将自动擦除，效果如图5-40所示。

图 5-40

步骤 06 单击右下角的"生成视频"按钮，跳转至"视频生成"界面，在输入框中输入提示词："大雪纷飞，船和老翁保持不动，鱼线和湖面轻轻泛起涟漪"，选择视频模型为"视频S2.0Pro"，单击"生成视频"按钮，系统自动生成5秒视频，如图5-41所示。

图 5-41

步骤 07 效果如图5-42和图5-43所示。

图 5-42

图 5-43

第 6 章

智能优化：
AI 修复与增强

　　本章对图像的修复与增强等相关知识进行介绍，借助Photoshop、即梦AI、佐糖等工具，有效提升图像质量，实现从受损到优质、从平淡到出色的图像转变。通过学习本章内容，读者将了解图像修复与增强的内涵及二者核心差异，掌握常见图像修复与增强任务的操作方法。

6.1 图像的修复与增强

　　近年来，随着人工智能，尤其是深度学习技术的快速发展，传统图像处理技术体系迎来了重大变革。AI算法能够对图像特征进行精确解析，为图像修复与增强提供更为高效、智能的解决方案，有力推动了相关技术在各行业的广泛应用。

▌6.1.1　什么是AI图像修复

　　AI图像修复是指通过算法填补图像中缺失或损坏的区域，使其恢复自然、完整的视觉效果，如图6-1和图6-2所示。从技术实现来看，AI图像修复主要具有以下特点。

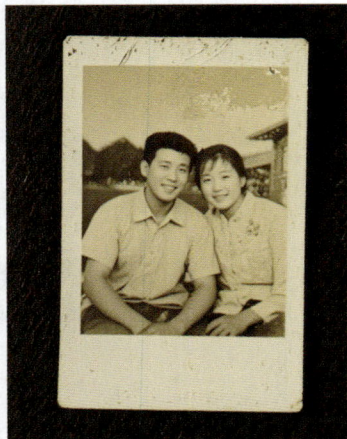

图 6-1　　　　　　　　　　　　　　　图 6-2

1．智能化内容补全

　　在智能化内容补全方面，AI修复技术不仅依赖于简单的纹理合成，更需要理解图像的深层语义信息。例如，当修复一张缺失部分人脸的老照片时，算法需要根据周围五官的分布和对称性，合理推断并生成缺失部分的面部特征。这一过程通常借助生成对抗网络（GAN）或基于Transformer架构，通过分析全局上下文信息，确保生成内容与原始图像在语义和视觉上保持一致。

2．多类型修复能力

　　多类型修复能力体现了AI对不同缺损场景的适应性。无论是水印式规则形状的遮挡、照片撕裂的不规则破损，还是图像的大面积缺失，修复算法都能通过动态调整修复策略来应对。例如，对于简单背景区域，可以采用快速扩散算法进行平滑填充；对于复杂纹理或结构区域，则需要结合注意力机制和分层生成技术，逐步重建细节。

3．高保真还原

　　高保真还原是图像修复的关键目标之一，要求修复后的区域在清晰度、色彩和结构上与原始图像无缝融合。为实现这一目标，先进算法通常采用多阶段优化策略。例如，在修复过程中引入几何约束损失函数，确保生成内容的结构连贯性；或利用预训练的语义分割模型，指导修复区域符合场景的语义逻辑。此外，高频信息保留技术能够有效维持边缘和纹理的锐度，避免修复后的图像出现模糊或失真。

6.1.2　什么是图像增强

图像增强（Image Enhancement）是指运用算法提升图像视觉质量、强化图像特征、改善视觉效果，如图6-3和图6-4所示，使其更符合人类视觉需求或特定应用任务需求的技术。从AI技术实现角度看，图像增强主要具备以下特点。

图 6-3

图 6-4

1．自适应优化

AI能够依据图像的具体特征和用户需求自动调整增强策略。通过深度学习算法，如卷积神经网络（CNN）等对图像进行特征提取和分析，理解图像的内容和结构，从而进行针对性的优化。

2．多维度提升

图像增强不仅能够对图像的亮度、对比度等基本参数进行调整，还能够从多个维度对图像特征进行强化。例如，增强图像的边缘信息，使物体轮廓更清晰；增强图像的纹理细节，使图像更细腻；增强图像的色彩饱和度，使颜色更鲜艳。

3．智能降噪

在图像增强过程中，图像常受噪声干扰，如图像传感器噪声、传输噪声等。AI技术能在抑制噪声的同时尽可能保留图像的细节信息。通过深度学习模型，如生成对抗网络等学习噪声的特征和图像的细节特征，采用合适的滤波算法和优化策略，实现噪声抑制与细节保留的平衡。

6.1.3　修复与增强的核心区别

修复是"无中生有"的内容生成过程，而增强是"锦上添花"的质量优化过程。两者具体的差别如表6-1所示。

表6-1

对比维度	图像修复	图像增强
处理目标	恢复缺失／损坏内容	提升现有内容质量
技术核心	内容生成与语义补全	质量优化与特征增强
算法重点	上下文理解与内容生成能力	特征提取与质量评估
典型应用	老照片修复、文物数字化修复	医学影像增强、监控视频优化

（续表）

对比维度	图像修复	图像增强
数据要求	需要成对的破损—完整图像数据进行监督学习	可采用无监督/自监督学习
处理边界	可创造性补全图像中完全缺失的内容	仅优化现有像素信息，不改变图像内容结构

6.2 常见的图像修复任务

图像修复不仅限于对照片本身的修复，还包括对图像中主体的各种损伤和缺失的处理。以下是三类主要修复任务的详细介绍。

6.2.1 划痕、污渍修复

划痕通常表现为细长且具有一定方向性的线性痕迹，其形态特征如图6-5所示。这类痕迹多呈现深浅不一的沟状凹陷，边缘相对清晰规则。与之形成鲜明对比的是污渍的形态特征，如图6-6所示，其典型表现为边界模糊的不规则色斑，或呈现因霉菌滋生而形成的点状、片状斑点群。

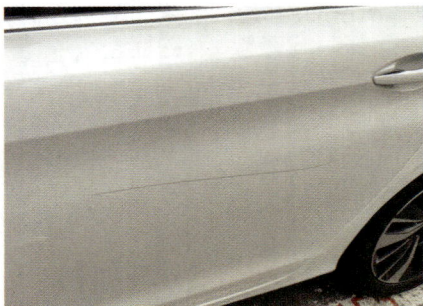 

图 6-5　　　　　　　　　　　　　图 6-6

从成因机制来看，划痕的形成主要源于以下三个维度的影响因素。

- **物理机械作用**：物体表面受到硬物刮擦或相互摩擦时，接触部位的应力集中会导致材料表面发生塑性变形或材料剥离，从而形成典型的划痕形外貌。
- **环境侵蚀效应**：长期暴露在极端环境条件下，会显著降低材料表面强度，使其更易产生划痕。特别是在温湿度循环变化的工况下，材料表面会加速劣化。
- **污染侵蚀作用**：如化学试剂的意外溅洒、油污的长期附着、灰尘颗粒的堆积等污染情况。

污渍的形成机理则更为复杂，除上述环境因素外，还涉及以下因素。

- 液体渗透导致的毛细现象。
- 有机物质的氧化变质。
- 微生物的代谢产物沉积。
- 不同材料间的电化学腐蚀等多元化的形成路径。

AI模型通过深度学习算法，对大量带有划痕、污渍以及正常图像的数据进行学习，从而能够准确识别图像中的划痕、污渍特征，并定位其位置。定位划痕、污渍位置后，AI利用生成对抗网络等先进架构进行图像补全与重建。修复后的区域可能存在色彩偏差，AI会进一步进行色彩校正与优化。

知识链接

　　生成对抗网络由生成器和判别器组成，生成器根据划痕、污渍周围的图像信息生成填补内容，判别器则判断生成的内容是否真实。通过不断迭代训练，生成器能够生成与周围图像高度融合、自然的填补内容，从而修复划痕、污渍区域。

动手练 使用Photoshop修复化妆包污渍

　　下面使用Photoshop智能修复化妆包污渍，具体操作步骤如下。

　　步骤 01 启动Photoshop，打开素材图像，如图6-7所示。

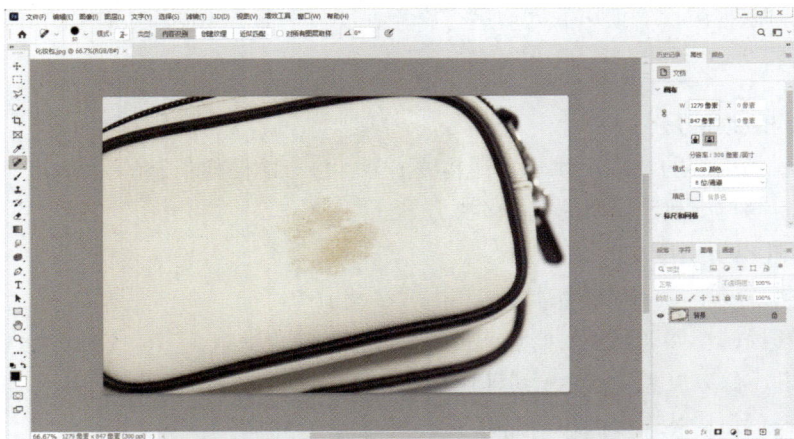

图 6-7

　　步骤 02 使用"修复工具"沿污渍处绘制路径，如图6-8所示。

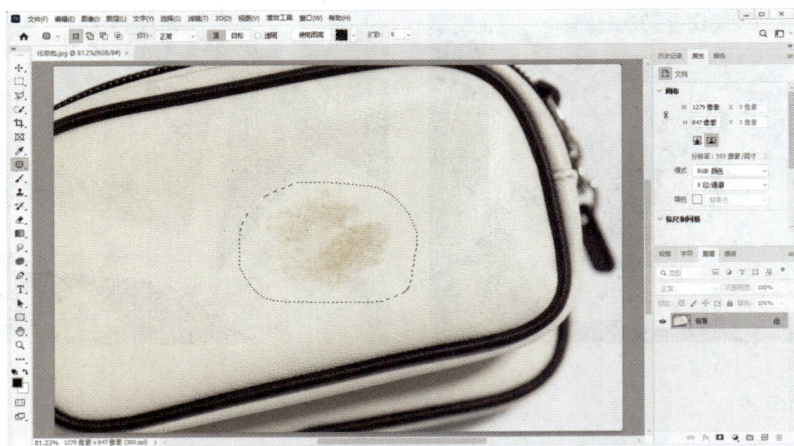

图 6-8

　　步骤 03 按Shift+F5组合键，在弹出的"填充"对话框中选择"内容识别"选项，如图6-9所示。单击"确定"按钮后系统自动修复，按Ctrl+D组合键取消选区，修复效果如图6-10所示。

图 6-9

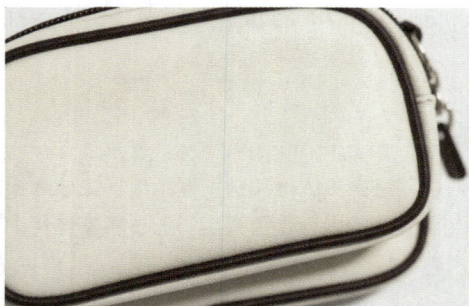

图 6-10

6.2.2　破损区域填补

破损区域填补主要针对图像载体和图像内容两个层面的缺损问题进行修复。强调的是对图像中已经存在但出现破损、损坏的区域进行修复处理。下面从不同维度详细介绍各类破损情况及修复注意事项。

1. 图像载体的破损修复

图像载体作为内容的物理承载介质，其破损会直接影响图像信息的完整性。现代修复技术已发展出针对不同类型载体损伤的专业解决方案。

（1）物理性损伤

随着时间推移或不当保存，物理载体常出现多种损伤。

- **实体介质损伤**：如老照片的撕裂、折痕，海报的破损缺口（图6-11）。这类损伤边缘通常较为锐利，修复时需特别注意过渡区域的自然衔接。

- **介质老化**：包括胶片褪色、相纸霉变等随时间产生的自然损耗（图6-12）。这类损伤会导致图像色彩失真、细节模糊。修复需通过色彩还原算法、霉变区域像素重建，并模拟自然老化衰减梯度以保持视觉连贯。

图 6-11

图 6-12

（2）数字化损伤

在数字转换和存储过程中产生的特有损伤。

- **扫描传输故障**：会产生数据丢失块，表现为规则的像素缺失区域，修复时可以保留原始损坏文件作为修复参考基准。

- **格式转换异常**：会导致图像区域失真，常见于多次压缩的JPEG图像。修复时要注意色彩空间转换的准确性。

● **存储介质损坏**：如硬盘坏道造成的图像碎片，这类损伤通常具有随机分布特征，要对修复结果进行完整性校验和人工确认，以确保修复结果的准确。

2．图像载体的破损修复

图像中呈现的主体对象也会因各种原因出现缺损，需要采用不同的修复策略。

（1）实体对象本身的缺损

针对拍摄对象本身的物理损坏。

● **商业产品**：展示图中商品的磕碰、残缺，如图6-13所示，修复时需保持产品特征的准确性。

● **艺术作品**：绘画中人物或景物的局部缺失，如图6-14所示（北魏宴乐壁画），需要保持艺术风格的一致性。

● **建筑景观**：建筑物的部分损毁，修复要考虑建筑结构的合理性。

（2）历史变迁导致的缺损

因时间推移造成的特殊损伤。

● **文物图像**：因年代久远产生的自然风化，修复要尊重历史原貌。

● **档案资料**：因保存条件导致的渐进性损坏，需要延缓恶化的修复方案。

● **历史记录**：因战乱等外力造成的突发性损毁，这类修复常带有文化抢救性质。

图 6-13 　　　　　　　　　　　　　　　　　图 6-14

　　AI模型在处理图像中破损区域填补时，会运用深度学习算法，对大量包含破损区域的图像以及对应完整图像的数据进行学习，以此掌握破损区域的特征与规律，从而能够准确识别图像中破损区域的范围、形状以及周围图像的结构和语义信息。

动手练　使用即梦AI修复破损证件照

　　下面使用即梦AI修复破损证件照，具体操作步骤如下。

　　步骤 01 打开即梦AI，在"图片生成"界面的输入框下方单击"导入参考图"按钮，上传素材图像，如图6-15所示。

　　步骤 02 输入提示词："修复图中证件照上的污渍破损区域"，单击"立即生成"按钮，系统将生成四张不同的图像，如图6-16所示。

图 6-15

图 6-16

步骤 03 单击缩览图即可查看效果，如图6-17所示。

图 6-17

6.2.3　人物瑕疵修复

人物瑕疵修复主要针对图像中人物区域的局部缺陷或异常问题进行针对性处理，如图6-18所示，强调对人物面部、肢体、服饰等关键部位的瑕疵进行自然修复与美化。

1．皮肤瑕疵修复

- **痘痘、粉刺修复：** 通过边缘检测算法识别凸起区域，结合局部模糊和纹理合成技术平滑瑕疵，同时保留周围皮肤的自然质感。
- **色斑、雀斑修复：** 采用色差分析和区域生长算

图 6-18

法识别色素沉积区域，通过色彩平衡和像素混合实现均匀肤色。

- **皱纹修复**：基于面部肌肉走向分析，运用深度学习模型区分动态纹与静态纹，采用非均匀平滑算法处理。
- **疤痕修复**：结合3D皮肤建模与纹理合成技术，通过区域生长和泊松融合实现无缝修复。

2．毛发瑕疵修复

- **头发修复**：运用生成对抗网络模拟头发生长规律，结合发丝追踪算法重建自然发型。
- **眉毛修复**：基于面部黄金分割比例，采用矢量绘图技术重建眉毛生长方向。

3．五官瑕疵修复

- **眼睛修复**：通过虹膜识别和虹膜分析，运用光线追踪技术重建自然眼神光。
- **牙齿修复**：基于牙齿特征分析，采用形态学处理重建完整齿形。
- **耳朵修复**：依据面部对称性原则，运用三维重建技术补全耳部结构。

4．其他瑕疵修复

- **衣服修复**：通过布料物理模拟和纹理合成技术，重建衣物完整形态。
- **光影修复**：基于场景光源分析，运用HDR技术重建自然光影关系。

在修复过程中可以使用"三层校验法"进行检查。

- 宏观校验整体协调性。
- 中观检查特征完整性。
- 微观确认细节自然度。

动手练 使用美图秀秀修复皮肤瑕疵

下面使用美图秀秀修复皮肤瑕疵，具体操作步骤如下：

步骤 01 打开美图秀秀，上传如图6-19所示的素材图像。

图 6-19

步骤 02 按住Ctrl键的同时滚动鼠标滚轮放大图像，在界面左侧执行"人像"|"皮肤精修"|"祛斑祛痘"命令，如图6-20所示。

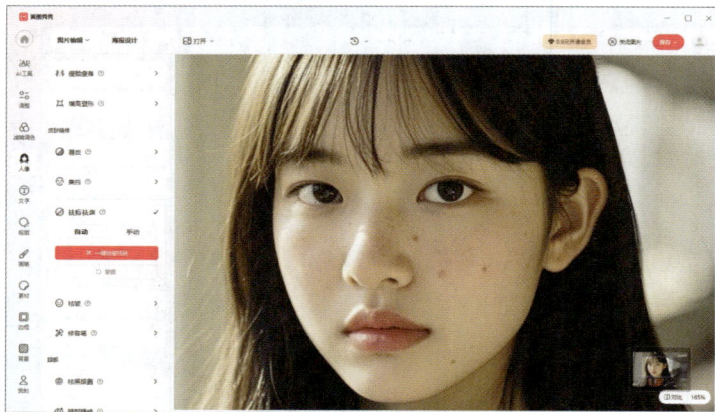

图 6-20

步骤 03 单击"一键祛痘"按钮，效果如图6-21所示。

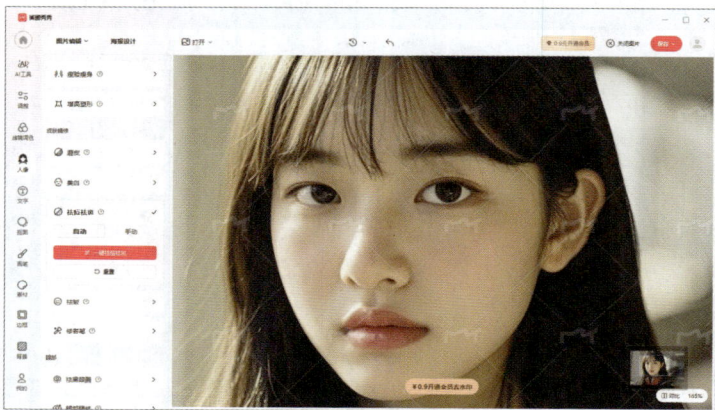

图 6-21

6.3 常见的图像增强任务

图像增强旨在改善图像的视觉效果或提取更多有用信息，以满足不同应用场景的需求。以下是三类主要增强任务的详细介绍。

▌6.3.1 图像清晰度增强

图像清晰度不足是图像处理中常见的问题，严重影响图像的观赏性与实用性，如图6-22所示。其成因及修复技术介绍如下。

1．拍摄抖动

手持拍摄时，人体的微小晃动难以避免。尤其在低光照环境下，为保证画面亮度，相机需降低快门速度，这会使轻微抖动被显著放大，导致图像整体模糊。例如，夜晚拍摄城市夜景时，即便只是轻微的手部移动，都可能使照片中的建筑物轮廓模糊，路灯周

图 6-22

围出现明显光晕扩散现象。

2．镜头质量欠佳

低质量镜头存在球面像差、色差等光学性能缺陷，使光线无法准确聚焦在成像传感器上，造成画面模糊。镜头表面的污渍、划痕也会干扰光线传播，降低图像清晰度。例如，使用低质量镜头拍摄风景时，图像边缘容易出现模糊，色彩还原也不准确，就像给镜头蒙了一层纱，让拍摄的物体变得朦胧不清。

3．图像过度压缩

为节省存储空间或加快传输速度，人们常对图像进行压缩处理。但过度压缩会大量丢失图像数据，尤其是高频细节信息。以常见的JPEG格式为例，当压缩比过高时，图像中的纹理会变得粗糙，边缘出现锯齿，原本清晰的图像变得如同打了马赛克。

传统的修复方法使用锐化滤波器，通过增强图像的高频分量，突出边缘和细节，使图像看起来更清晰。过度的锐化容易引入噪声，影响图像质量。但随着人工智能技术的蓬勃发展，基于深度学习的超分辨率重建技术逐渐成为主流解决方案。该技术利用大量低分辨率与高分辨率图像进行训练，让模型学习并掌握从低分辨率图像到高分辨率图像的映射关系。

动手练 使用佐糖实现超分辨率重建

下面使用佐糖实现超分辨率重建，使模糊图像变清晰，具体操作步骤如下：

步骤01 打开佐糖，进入工作界面，单击"AI图片编辑"按钮，显示如图6-23所示的界面。

图 6-23

步骤02 单击"AI人像变清晰"按钮，上传素材图像，系统启动自动优化。单击图像左上角的"全屏查看"按钮，可在左下角更改查看比例，效果如图6-24所示。

图 6-24

▎6.3.2　色彩增强与校正

　　图像色彩方面的问题在实际生活中屡见不鲜，极大地影响了图像的视觉美感与信息传达准确性，如图6-25所示。其成因及修复技术如下。

图 6-25

1．拍摄光线问题

　　不同光源色温不同，如日出日落时自然光色温低呈暖色调，阴天或正午阳光直射时色温高呈冷色调。若相机未根据实际色温准确设置，图像会出现偏色。除此之外，拍摄场景中光线强度分布不均匀，会导致图像不同区域色彩表现不一致。例如，逆光拍摄人像时，人物面部光线不足，与背景明亮区域形成强烈对比，可能使人物面部色彩失真，背景色彩也可能因过度曝光而泛白。

2．拍摄设备因素

　　相机传感器在制造过程中可能存在个体差异，导致对不同颜色光线的感应能力不一致，从而造成图像色彩偏差。一些低端相机的传感器性能有限，难以准确捕捉和还原真实色彩，使得拍摄出的图像色彩饱和度不足或出现偏色。镜头的光学设计也会影响图像色彩。不同品牌和型号的镜头在色彩还原方面存在差异，部分镜头可能对某些颜色的光线吸收率或折射率不同，导致图像整体色调偏暖或偏冷。此外，镜头镀膜的质量也会影响色彩表现，劣质镀膜可能引起光线反射和散射，干扰色彩的正常呈现。

3．存储与显示设备影响

　　图像存储过程中，存储介质的质量问题或数据传输错误可能导致图像色彩信息丢失或损坏。不同的显示设备（如计算机显示器、手机屏幕、电视等）具有不同的色彩显示特性，包括色域覆盖范围、亮度、对比度等。同一幅图像在不同显示设备上呈现的色彩可能会有明显差异。例如，某些显示设备的色域较窄，无法准确显示图像中的某些鲜艳色彩，导致图像看起来色彩暗淡或偏色。

　　传统色彩增强方法有直方图均衡化、色彩变换等，通过调整图像的亮度、对比度和色彩通道参数，可改善色彩效果。AI技术则能实现更精准的色彩处理。基于深度学习的色彩增强模型，可学习正常色彩图像的统计特征和色彩分布规律。例如，利用生成对抗网络构建色彩校正模型，生成器负责调整图像色彩，判别器判断色彩是否真实自然，通过两者对抗训练，实现色彩的自动校正和增强。在处理老照片时，该技术能还原照片原有的色彩，让褪色的画面重新焕发生机；对于偏色图像，可准确校正色彩偏差，使图像色彩更符合人眼视觉感受。

动手练 使用即梦AI为黑白图像上色 ────────

　　下面使用即梦AI为黑白图像上色，具体操作步骤如下。

　　步骤01 打开即梦AI，在"图片生成"界面的输入框下方单击"导入参考图"按钮，如图6-26所示。

步骤 02 在弹出的"打开"对话框中选择素材图像，跳转至图6-27所示的界面。

图 6-26

图 6-27

步骤 03 单击"保存"按钮后，在输入框中输入提示词："为该照片进行上色处理"，单击"立即生成"按钮，系统将生成四张不同的图像，单击缩览图即可查看效果，如图6-28所示。

图 6-28

6.3.3 有效降低图像噪声

图像噪声是图像处理中常见的干扰因素，会严重影响图像的视觉质量与后续分析的准确性，如图6-29所示。下面对图像噪声的成因与类型进行介绍。

1. 噪声成因

噪声的成因有以下三种。

图 6-29

- **传感器电子干扰**：相机传感器在接收光线并转化为电信号的过程中，会受到内部电子元件的热运动、电磁辐射等干扰，产生随机电信号波动，这些波动会在图像中形成噪声。
- **高ISO设置**：在低光照环境下，为保证画面亮度，需调高相机ISO值。ISO值调高后，传感器对光线的敏感度提升的同时，也会放大电子干扰信号，进而引入更多噪声。就像在黑暗中用更灵敏的耳朵听声音，周围微弱的杂音也会被放大。
- **图像传输与存储误差**：图像数据从相机传输到存储设备，或在不同设备间传输时，可能因信号干扰、数据压缩算法缺陷等导致部分数据丢失或错误，从而产生噪声。

2．常见的噪声类型

- **高斯噪声**：其概率密度函数服从高斯分布（正态分布），噪声强度在图像中随机分布，表现为图像整体出现细小的颗粒状噪声，类似于在图像上撒了一层均匀的细沙。常见于传感器电子噪声和传输过程中的随机误差。
- **椒盐噪声**：噪声以黑白相间的随机像素点形式出现在图像中，如同在图像上撒了胡椒和盐粒。通常由图像采集设备的瞬间故障、传输过程中的数据错误等引起。
- **泊松噪声**：与图像的光子计数特性相关，其强度与图像的局部亮度成正比。在低光照条件下拍摄的图像中，泊松噪声较为明显，表现为图像中的噪声强度随亮度变化，暗部区域噪声更显著。

传统的降噪方法包括均值滤波、中值滤波等，通过对图像像素进行局部平均或中值计算，减少噪声影响，但这类方法容易模糊图像细节。基于AI的降噪技术则能在去除噪声的同时，更好地保留图像细节。深度学习模型如降噪自动编码器（DAE），通过对含噪图像进行编码和解码操作，学习噪声与原始图像的差异，从而去除噪声。此外，一些基于卷积神经网络（CNN）的降噪模型，可自动识别图像中的噪声模式，并针对性地进行降噪处理。例如，在处理天文图像时，这类技术能有效去除因长时间曝光产生的噪声，同时保留星系、星云等天体的细微结构。

动手练 使用即梦AI为图像降噪

下面使用即梦AI为图像降噪，具体操作步骤如下。

步骤 01 打开即梦AI，在"图片生成"界面的输入框下方单击"导入参考图"按钮，上传素材图像，如图6-30所示。

图 6-30

步骤 02 输入提示词："*使图片变得清晰，去除噪声*"，单击"立即生成"按钮，系统将生成四张不同的图像，如图6-31所示。

图 6-31

步骤 03 单击缩览图即可查看效果，如图6-32所示。

图 6-32

6.4 实战演练：胶片风格人物效果优化

下面使用美图云修对AI生成的图像进行胶片风格化的二次处理，具体操作步骤如下。

步骤 01 打开美图云修，导入素材，效果如图6-33所示。

图 6-33

步骤 02 滚动鼠标滚轮放大图像显示，在界面右侧设置参数，如图6-34所示。

图 6-34

步骤 03 单击"色彩调整"按钮■，在"滤镜"选项组中选择"AI滤镜"选项，在其子选项中选择"浓郁胶片"选项，设置"程度"为30，在图像的下侧单击"全部效果"按钮，可查看最终修复与调整的效果，如图6-35所示。

图 6-35

步骤 04 向下拖动，在"智能影调"组中设置对比度、阴影、白色的参数，使图像变得更加柔和，如图6-36所示。

图 6-36

步骤 05 继续向下拖动，在"细节"组中设置胶片颗粒感、暗角调节的参数，使图像变得更加有质感，如图6-37所示。

图 6-37

第 7 章

后期处理：
传统工具与 AI 协同

　　本章从基础操作入手，深入剖析尺寸调整的精准策略、多样化的抠取方法、瑕疵修复的细腻技巧、蒙版合成的融合艺术、滤镜特效的创意运用，以及矢量化编辑与优化的专业秘籍等方面，助力读者轻松应对各类AI生成图像的处理需求。通过学习本章内容，读者将全面了解如何利用Photoshop、Illustrator、佐糖、豆包等工具处理AI生成的图像，使成品更加完善。

7.1 图像的尺寸调整

AI生成的图像尺寸可能并不完全符合实际使用需求，例如在网页设计、海报制作或社交媒体分享时，对图像的分辨率、宽高比等有特定要求。通过Photoshop的尺寸调整功能，能够精准地改变图像的尺寸，确保其适配各种应用场景，同时保持图像的清晰度和比例协调。

7.1.1 图像大小

图像大小命令可以精准调整图像的像素尺寸、分辨率及物理尺寸（如厘米/英寸），支持重采样算法控制清晰度。在Photoshop中，可以通过执行"图像"|"图像大小"命令，或者直接按Ctrl+Alt+I组合键，在打开的"图像大小"对话框中进行相关设置。

动手练 调整图像的大小

下面使用图像大小命令调整图像的大小，具体操作步骤如下。

步骤 01 在Photoshop中打开素材图像，执行"图像"|"图像大小"命令，或按Ctrl+Alt+I组合键，弹出"图像大小"对话框，如图7-1所示。

图 7-1

步骤 02 调整"分辨率"为72，图像大小也会相应改变。图7-2所示为将图像大小从3.08MB调整为182.0KB的效果。

图 7-2

知识链接

72ppi的分辨率适配网页、社交媒体、视频封面等。300ppi或者更高的分辨率适用于印刷品设置。

7.1.2　存储为Web所用格式

在导出图像时，若需在控制文件大小的同时优化图像质量，可以在Photoshop中执行"文件"|"导出"|"存储为Web所用格式"命令，在弹出的"存储为Web所用格式"对话框中进行相关设置。该命令支持格式转换（如转换为PNG-24、JPEG、WebP等格式），还能剥离元数据。

动手练 **优化图像大小**

下面使用"存储为Web所用格式"命令优化图像大小，具体操作步骤如下。

步骤 01 在Photoshop中打开如图7-3所示的素材图像。

图 7-3

步骤 02 执行"文件"|"导出"|"存储为Web所用格式"命令，在弹出的对话框中调整参数。图7-4所示为将图像大小从466.1KB调整为252.5KB的效果。

图 7-4

7.1.3　画布大小

画布大小命令用于调整图像的画布尺寸，即图像周围的工作区域大小。在Photoshop中，可以通过执行"图像"|"画布大小"命令，或按Ctrl+Alt+C组合键，在弹出的"画布大小"对话框中进行相关设置。

动手练 扩展图像的画布大小

下面使用"画布大小"命令扩展图像的画布大小，具体操作步骤如下。

步骤 01 在Photoshop中打开如图7-5所示的素材图像。

步骤 02 执行"图像"|"画布大小"命令，或按Ctrl+Alt+C组合键，弹出"画布大小"对话框，如图7-6所示。

图 7-5

图 7-6

步骤 03 勾选"相对"复选框，在"高度"和"宽度"后的文本框中设置参数，在"画布扩展颜色"选项中设置自定义颜色，如图7-7所示。

步骤 04 应用效果如图7-8所示。

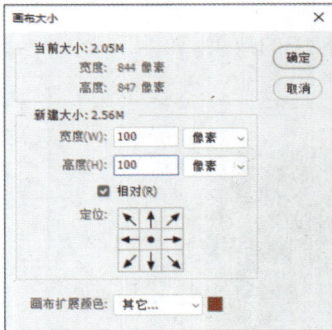

图 7-7

图 7-8

> **注意** 在"高度"和"宽度"后的文本框中输入正数为放大画布，对图像的四周进行扩展；输入负数为缩小画布，根据输入的尺寸进行裁剪。在"画布扩展颜色"选项中可以选择前景、背景、白色、灰色等选项。

7.1.4 裁剪工具

裁剪工具用于选取并保留图像特定区域，删除其余部分，实现构图调整、尺寸和形状改变。在Photoshop中，可通过裁剪工具调整大小、形状，确定裁剪区域后按Enter键完成操作。

动手练 调整图像的显示比例

下面使用裁剪命令扩展图像的显示比例，具体操作步骤如下。

步骤 01 在Photoshop中打开如图7-9所示的素材图像。

142

步骤 02 在选项栏的"比例"下拉列表中选择预设的裁切约束比例为"2：3（4：6）"，如图7-10所示。

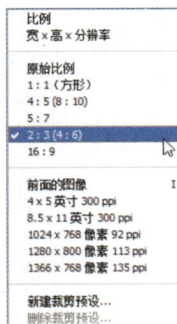

图 7-9　　　　　　　　　　图 7-10

步骤 03 在图像中拖动光标得到矩形区域，矩形区域的内部代表裁剪后图像保留的部分，如图7-11所示。

步骤 04 按Enter键完成裁剪，效果如图7-12所示。

图 7-11　　　　　　　　　　图 7-12

7.1.5　AIGC智能裁剪与压缩

传统的图像裁剪与压缩工具主要依赖手动操作来确定裁剪区域，在压缩时也难以兼顾图像质量与文件大小。对于构图把握不准、对压缩参数设置不熟悉的普通用户来说，很难获得理想效果，且操作耗时费力。基于深度学习算法的AIGC智能裁剪与压缩技术，能自动识别图像中的主体元素、场景布局等内容，精准分析出最佳构图比例，裁去多余部分，使画面更具美感和表现力。同时，它还能智能优化文件大小，在不明显降低图像质量的前提下，有效减小文件大小。

这种技术突破了传统工具的局限性，无须用户具备专业的构图知识和复杂的参数设置经验，极大地提升了工作效率，降低了操作门槛，让普通用户也能轻松实现专业级的图像优化效果。

动手练 使用佐糖制作证件照

下面使用佐糖制作证件照，具体操作步骤如下。

步骤 01 打开佐糖，在"AI图片编辑"中选择"图片编辑"选项，如图7-13所示。

步骤 02 上传素材图像，如图7-14所示。

图 7-13

图 7-14

步骤 03 在界面左侧单击"改尺寸"下拉按钮，在下拉列表中选择"一寸"选项，如图7-15 所示。

图 7-15

步骤 04 单击"应用"按钮应用效果，如图7-16所示。

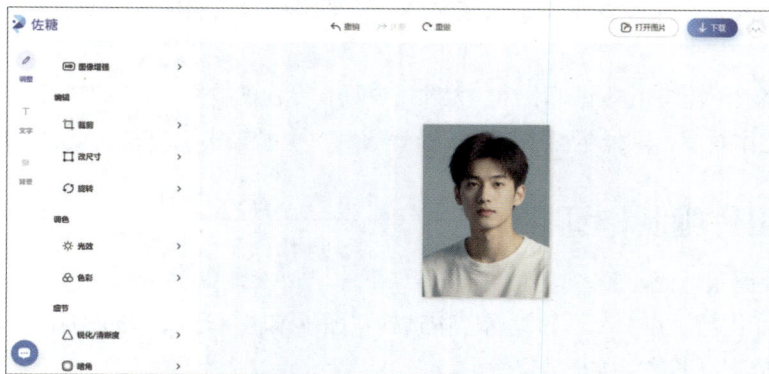

图 7-16

7.2 图像的抠取

　　当AI生成的图像主体符合需求但背景或部分元素不理想时，可通过Photoshop中的抠取技术分离目标主体，并将其融合到新场景中，实现创意优化和艺术增强。图像的抠取可以分为手动抠取、半自动抠取、阈值抠取以及自动抠取。

7.2.1　手动抠取

　　手动抠取是一种完全基于人工操作的技术手段，通常适用于对抠图精度要求较高或目标物体轮廓相对简单的场景。尤其适合轮廓清晰、边缘简洁的物体，例如几何图形、规则形状的产品等，在这些情况下能凭借人工的细致操作实现精准抠取。

1．套索工具

　　套索工具是一种手动绘制选区的工具，可用于自由地绘制任意形状的选区，适用于对选区精度要求不高，或者需要快速创建不规则选区的情况。

动手练 抠取无背景图像

　　下面使用套索工具抠取无背景图像，具体操作步骤如下。

　　步骤01 打开素材图像，选择"套索工具"，按住鼠标左键在图像边缘进行绘制，释放鼠标左键后即可创建选区，如图7-17所示。

图 7-17

　　步骤02 按Ctrl+X组合键剪切选区，如图7-18所示。

图 7-18

　　步骤03 隐藏背景图层或直接删除背景，即可完成抠取，效果如图7-19所示。

图 7-19

2．多边形套索工具

多边形套索工具基于人工逐点锚定技术，通过在物体边缘连续单击生成由直线段组成的闭合选区。适用于规则几何体、建筑结构以及图标设计。在Photoshop中，选择多边形套索工具后，在图像上沿着物体的边缘依次单击，创建出一个个锚点，这些锚点之间会自动连接成直线段，形成选区边框。当回到起点时，光标处会出现一个小圆圈，单击即可闭合选区。

3．磁性套索工具

磁性套索工具是一种自动识别图像边缘的选区工具，能够根据图像中物体边缘的颜色对比度自动吸附并创建选区，适用于快速选取边缘清晰、颜色对比明显的物体。

动手练 抠取轮廓清晰的图像

下面使用磁性套索工具抠取轮廓清晰的图像，具体操作步骤如下。

步骤 01 打开素材图像，选择"磁性套索工具" ，单击确定选区起始点，沿选区的轨迹拖动光标，系统将自动在光标移动的轨迹上选择对比度较大的边缘产生锚点，如图7-20所示。

步骤 02 当光标回到起始点变为 形状时单击闭合路径生成选区，如图7-21所示。

图 7-20

图 7-21

步骤 03 按Ctrl+J组合键复制选区，隐藏背景图层或直接删除背景，如图7-22所示。效果如图7-23所示。

4．钢笔工具

钢笔工具是一种用于创建精确路径的工具，适用于绘制各种形状和进行精细的抠图操作。它通过在图像上单击添加锚点，并拖动锚点的控制手柄来形成平滑的曲线或直线段，从而构建出所需的路径。

图 7-22

图 7-23

动手练 精细抠取图像

下面使用钢笔工具精细抠取图像，具体操作步骤如下。

步骤 01 打开素材图像，按Ctrl+空格键的同时拖动光标放大图像，选择"钢笔工具" ，在选项栏中设置为"路径"模式 ，沿边缘绘制路径并闭合路径，如图7-24所示。

步骤 02 按Ctrl+Enter组合键创建选区，如图7-25所示。

步骤 03 按Ctrl+J组合键复制选区，隐藏背景图层或直接删除背景，即可完成抠取，如图7-26所示。

图 7-24

图 7-25

图 7-26

知识链接

贝塞尔曲线由锚点和控制柄构成，锚点定义曲线位置，控制柄调整曲线曲率。用户通过拖动控制柄可自由塑造曲线形态，实现像素级边缘拟合。

7.2.2　半手动抠取

半手动抠取是结合人工交互与自动化算法，通过用户输入（如单击、涂抹）引导算法识别边缘或区域，适用于主体与背景有一定对比度但边缘存在复杂细节的场景。

1. 快速选择工具

快速选择工具基于色彩相似性与边缘梯度分析，通过用户单击或拖动生成初始选区，算法自动扩展至相似区域。适用于主体与背景颜色差异显著，或边缘平滑但存在局部细节的场景。

动手练 抠取颜色差异显著的图像

下面使用快速选择工具抠取主体与背景颜色差异显著的图像，具体操作步骤如下。

步骤01 打开素材图像并解锁背景，选择"快速选择工具" ⬚。在背景处拖动光标创建选区，如图7-27所示。

步骤02 按Delete键删除背景，按Ctrl+D组合键取消选区，效果如图7-28所示。

图 7-27   图 7-28

> ⚠️**注意** 创建选区后直接拖动可以添加选区，按住Alt键拖动则为减选选区。

2. 魔棒工具

魔棒工具根据用户单击点的像素颜色值，结合容差范围自动选择相似颜色区域。适用于纯色或渐变背景抠图，或主体颜色单一且与背景差异大的场景。

动手练 抠取纯色背景图像

下面使用魔棒工具抠取纯色背景图像，具体操作步骤如下。

步骤01 打开素材图像，选择"魔棒工具" ⬚后单击创建选区，如图7-29所示。

步骤02 按Delete键删除背景，按Ctrl+D组合键取消选区，效果如图7-30所示。

图 7   图 7-30

3. 选择并遮住

选择并遮住功能用于对选区进行精细化调整与优化，可有效处理毛发、半透明物体等边缘复杂的对象，通过调整边缘检测、平滑度、羽化、对比度等参数，实现选区的精准化，还能对选区边缘进行净化处理，去除杂边，使抠图效果更加自然逼真。

在Photoshop中创建选区后，执行该命令的常见方式如下。

- 执行"选择"|"选择并遮住"命令。
- 按Ctrl+Alt+R组合键。
- 启用选区工具"对象选择工具""快速选择工具""魔棒工具"或"套索工具"，在选项栏中单击"选择并遮住"按钮。

动手练 抠取边缘复杂对象

下面使用"选择并遮住"命令抠取边缘复杂对象，具体操作步骤如下。

步骤 01 打开素材图像，选择任意一个选区工具，在选项栏中单击"选择并遮住"按钮，单击"选择主体"按钮，选择"调整边缘画笔工具" ✎ ，拖动光标涂抹边缘去除杂色，在工作区的"输出设置"选项栏中设置输出参数，如图7-31所示。

图 7-31

步骤 02 单击"确定"按钮后，在如图7-32所示的"图层"面板中，可以在"背景"图层中查看抠取的效果，若有误擦除的部分，可以使用"画笔工具"进行调整，效果如图7-33所示。

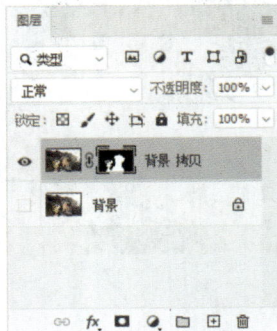

图 7-32

图 7-33

7.2.3 阈值抠取

阈值抠取是通过分析像素值（如颜色、亮度或通道特性），建立精确的选区阈值，适用于颜色或亮度差异显著的场景。

1. 色彩范围

色彩范围是一种基于颜色选择的功能，它可以通过调整颜色容差和选择不同的颜色样本，精确地选取图像中特定颜色范围内的区域，常用于选取颜色分布较为均匀且与背景颜色差异明显的对象。

动手练 抠取颜色差异明显的图像

下面使用色彩范围命令抠取颜色差异明显的图像，具体操作步骤如下。

步骤 01 打开如图7-34所示的素材图像。

步骤 02 执行"选择"|"色彩范围"命令，弹出"色彩范围"对话框，使用"吸管工具"吸取背景颜色，如图7-35所示。

图 7-34　　　　　　　　　　　　　　图 7-35

步骤 03 单击"确定"按钮后生成选区，若有误选的部分，可以使用"快速选择工具"进行调整，效果如图7-36所示。

步骤 04 按Delete键删除所选选区，按Ctrl+D组合键取消选区，效果如图7-37所示。

图 7-36　　　　　　　　　　　　　　图 7-37

2. 通道抠图

通道抠图是一种利用图像通道信息进行抠图的方法，通道中存储了图像的颜色信息和选区信息，通过观察和分析不同通道的对比度、明暗度等特征，选择合适的通道进行复制、调整，然后将调整后的通道作为选区载入，从而实现对图像中特定对象的抠取，适用于抠取毛发、半透明物体等边缘复杂的对象。

动手练 抠取长发美女图片

下面使用通道抠取长发美女图片，具体操作步骤如下。

步骤 01 打开如图7-38所示的素材。

步骤 02 执行"窗口"|"通道"命令，打开"通道"面板，在该面板中选择明暗对比度最强的缩览图进行复制，如图7-39所示。

图 7-38   图 7-39

步骤 03 按Ctrl+L组合键，在弹出的"色阶"面板中使用白色吸管吸取底部白云位置的颜色，如图7-40所示。

步骤 04 选择"加深工具"，设置范围为"阴影"，涂抹主体人物；选择"减淡工具"，设置范围为"高光"，涂抹背景，效果如图7-41所示。

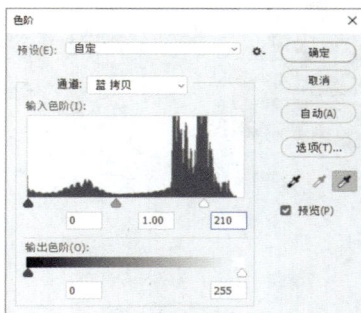

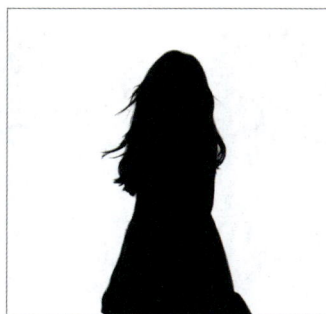

图 7-40   图 7-41

步骤 05 按住Ctrl键的同时单击"蓝 拷贝"通道缩览图，载入选区，如图7-42所示。

步骤 06 按Ctrl+Shift+I组合键反选选区，单击"图层"面板底端的"添加图层蒙版"按钮□为图层添加蒙版，如图7-43所示，抠取效果如图7-44所示。

图 7-42   图 7-43   图 7-44

7.2.4　自动抠取

自动抠取通过深度学习或传统图像处理算法一键生成选区，适用于背景简单或主体轮廓清晰的场景。

1. 选择主体

选择主体是Photoshop中一种智能的自动抠图功能，它能够快速分析图像中的主体内容，并自动生成选区将其选中。该功能利用了Sensei人工智能技术，能够识别各种类型的主体，包括人物、动物、物体等，尤其对于主体与背景区分较为明显的图像，能取得很好的抠图效果。

动手练　**自动抠取图像**

下面使用选择主体命令自动抠取图像，具体操作步骤如下。

步骤 01　打开如图7-45所示的素材。

步骤 02　在选项栏中单击"选择主体"按钮，系统自动生成选区，如图7-46所示。

步骤 03　按Ctrl+J组合键复制选区，隐藏背景图层或直接删除背景，即可完成抠取，效果如图7-47所示。

图 7-45　　　　　　　　　　图 7-46　　　　　　　　　　图 7-47

知识链接

在Photoshop中，执行该命令的常见方式如下。

● 在编辑图像时，执行"选择"|"主体"命令。

● 使用对象选择工具、快速选择工具或魔棒工具时，单击选项栏中的"选择主体"按钮。

● 在"选择并遮住"工作区中单击选项栏中的"选择主体"按钮。

2. 对象选择工具

对象选择工具同样借助了人工智能技术，是一种较为灵活的自动抠图工具。它可以通过用户在图像上绘制矩形框或套索来指定要选择的对象范围，自动识别并选中框选或套索范围内的对象，生成精准的选区。该工具对于各种复杂背景下的对象选取都有较好的表现，能够智能识别对象的边缘，即使对象的边缘较为复杂或与背景有一定的融合，也能尽可能准确地抠取出来。

对象选择工具同样深度融合了人工智能技术。用户仅需在图像上绘制矩形选框或自由套索，即可框定目标对象的大致范围，工具将自动完成精准识别与选区生成，精准锁定框选/套索区域内的主体对象。该工具适用于需要对特定对象进行精确抠取的场景。

动手练 快速抠取特定图像

下面使用"对象选择工具"快速抠取特定图像，具体操作步骤如下。

步骤01 打开素材图像，选择"对象选择工具" 🔲，将光标放置在目标主体上方，系统会自动识别主体，如图7-48所示。

步骤02 单击即可生成选区，按住Shift键可以加选，如图7-49所示。

步骤03 按Ctrl+J组合键复制选区，隐藏背景图层或直接删除背景，即可完成抠取，效果如图7-50所示。

图 7-48　　　　　　　　　图 7-49　　　　　　　　　图 7-50

7.2.5　AIGC智能抠图

传统的Photoshop抠图工具虽然功能强大，但往往需要复杂的操作技巧和大量的时间投入，尤其面对复杂边缘（如发丝、透明材质等）时，更是对操作者技术的严峻考验。基于深度学习算法的新型智能工具能够自动识别图像主体与背景的边界，即使是复杂的场景也能实现一键精准分离。这种技术突破不仅大幅提升了工作效率，更降低了专业图像处理的技术门槛，让更多用户能够轻松获得高质量的抠图效果。

动手练 使用豆包一键抠图

下面使用豆包抠取无背景图像，具体操作步骤如下。

步骤01 在豆包的"图像生成"界面单击图7-51的"AI抠图"功能按钮。

图 7-51

步骤 02 在弹出的"打开"对话框中选择想要上传的图像，单击"打开"按钮完成上传，如图7-52所示。

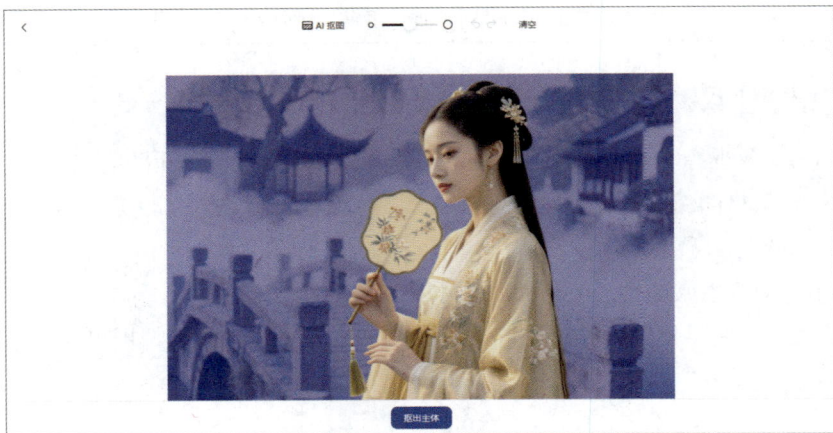

图 7-52

步骤 03 单击"抠出主体"按钮，效果如图7-53所示。

图 7-53

7.3 图像的瑕疵修复

AI生成的图像可能存在一些细微的瑕疵，如噪点、模糊区域、不自然的纹理或边缘过渡不自然等。利用Photoshop的修复工具，可以有效去掉这些瑕疵，使图像更加完美、真实，提升整体视觉质量。

7.3.1 污点修复画笔工具

污点修复画笔工具主要用于快速去除图像中的小面积污点、瑕疵、划痕等，它能自动分析周围的图像内容，并根据算法将污点区域修复成与周围环境相似的效果，使修复后的图像看起来自然。适用于修复人像照片中的痘痘、雀斑，或者去除照片中一些小的灰尘斑点、划痕等，能够在不影响整体图像效果的前提下快速修复局部的小瑕疵，让图像更加完美。

动手练 **快速修复脸上瑕疵**

下面使用污点修复画笔工具快速修复脸上的痘痘，具体操作步骤如下。

步骤 01 打开如图7-54所示的素材图像。

步骤 02 选择"污点修复画笔工具" ☑，按]键调整画笔大小，涂抹需要修复的地方，如图7-55所示。

步骤 03 释放鼠标左键系统自动修复，可多次进行涂抹修复，最终效果如图7-56所示。

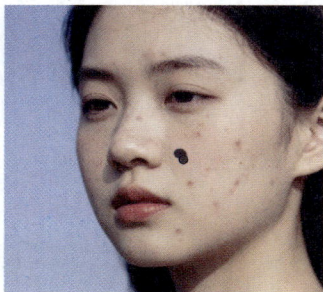

图 7-54　　　　　　　　　　图 7-55　　　　　　　　　　图 7-56

7.3.2　修补工具

修补工具可以通过选取图像中的一块区域，将其复制并应用到其他区域来修复图像，或者将选取的区域与周围的图像内容进行融合，以达到修复的目的。修补工具在修复较大面积的图像区域时非常有效，并且能够根据周围图像的纹理、颜色等特征进行智能匹配，使修复效果更加自然。常用于修复照片中较大的破损、缺失部分，或者用于去掉图像中的一些不需要的物体，如照片中多余的人物、杂物等，通过将周围合适的图像区域进行复制和融合来达到修复和美化图像的目的。

动手练 **移除多余元素**

下面使用修补工具移除图像中多余的元素，具体操作步骤如下。

步骤 01 打开如图7-57所示的素材图像。

步骤 02 选择"修补工具" ☑，沿需要修补的部分随意绘制一个选区，如图7-58所示，向右上方移动，释放鼠标左键即可用该区域的图像修补图像。

步骤 03 按Ctrl+D组合键取消选区，效果如图7-59所示。

图 7-57　　　　　　　　　　图 7-58　　　　　　　　　　图 7-59

7.3.3　仿制图章工具

仿制图章工具是一种基于取样的修复工具，用户可以指定图像中的一个区域作为取样点，将该区域的图像内容复制到其他位置，以达到修复、复制或绘制的目的。它能够精确地复制图像的细节、纹理和颜色，适用于对图像进行精细的修复和复制操作。

动手练 **无痕修复格纹背景**

下面使用仿制图章工具修复格纹背景，具体操作步骤如下。

步骤 01 打开素材图像，选择"仿制图章工具" 👤，在选项栏中设置参数，按住Alt键的同时单击要复制的区域进行取样，如图7-60所示。

步骤 02 将光标移动至需要被覆盖的位置，如图7-61所示。

步骤 03 单击即可仿制取样的区域，可多次进行取样应用，效果如图7-62所示。

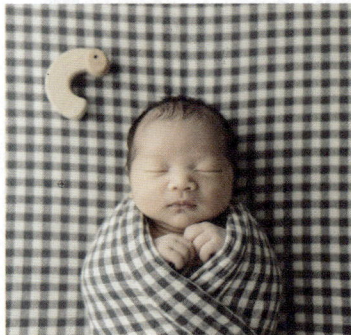
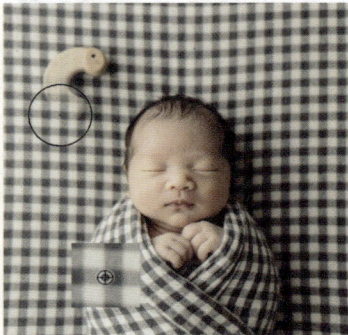
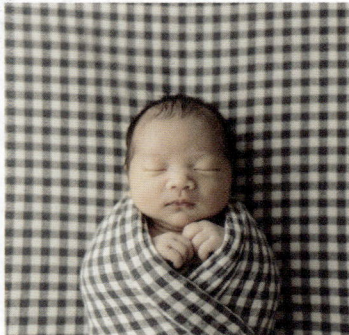

图 7-60　　　　　　　　　　图 7-61　　　　　　　　　　图 7-62

7.3.4　内容感知移动工具

内容感知移动工具可以将图像中的一个对象或区域移动到另一个位置，同时智能填充原始位置留下的空白，使图像整体看起来仍然自然和谐。它利用了Photoshop的内容感知技术，能够分析图像的内容和结构，自动识别周围的环境并进行相应的填充和调整。适用于在不改变图像整体布局和风格的前提下对图像中的对象进行位置调整。

动手练 **无痕移动人物位置**

下面使用内容感知移动工具对人物的位置进行调整，具体操作步骤如下。

步骤 01 打开素材图像，选择"内容感知移动工具" ✂，按住鼠标左键拖动画出选区，如图7-63所示。

步骤 02 在选区中再按住鼠标左键拖动，移到目标位置后释放鼠标左键，如图7-64所示。

步骤 03 单击"完成"按钮完成人物位置的移动，效果如图7-65所示。

图 7-63

图 7-64

图 7-65

7.4 图像的光影处理

光影效果是塑造图像立体感、空间感和氛围感的关键因素。AI生成的图像可能在光影表现方面不够理想，如光线分布不均匀、阴影不自然或缺乏层次感等。通过Photoshop的光影处理工具可以进行修正，使图像的光影效果更加逼真、生动，增强视觉冲击力。

7.4.1 曲线

曲线是一种强大的光影处理工具，通过在坐标平面上绘制曲线，实现对图像亮度和颜色的精准调整。在如图7-66所示的"曲线"对话框中，横坐标代表图像原始亮度值，纵坐标为调整后的亮度值。在曲线上添加控制点并拖动，可针对不同亮度区域进行差异化调整，向上拖动曲线使图像变亮，向下拖动则使图像变暗，还能通过对红、绿、蓝等不同颜色通道曲线的调整改变图像的色彩分布和强度。常用于调整图像的整体亮度和对比度，也可用于校正偏色图像。

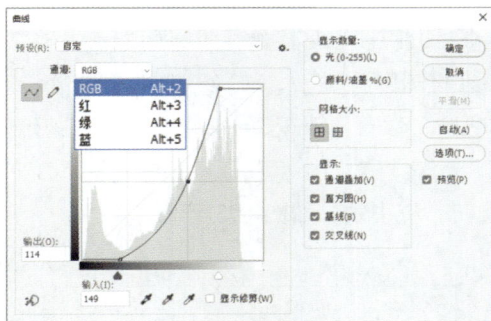
图 7-66

动手练 **调整图像的明暗对比**

下面使用曲线调整图像的明暗对比，具体操作步骤如下。

步骤 01 打开如图7-67所示的素材图像。

步骤 02 执行"图像"|"调整"|"曲线"命令，或按Ctrl+M组合键，弹出"曲线"对话框，在曲线上添加控制点并拖动来改变曲线形状，如图7-68所示。

步骤 03 单击"确定"按钮，应用效果如图7-69所示。

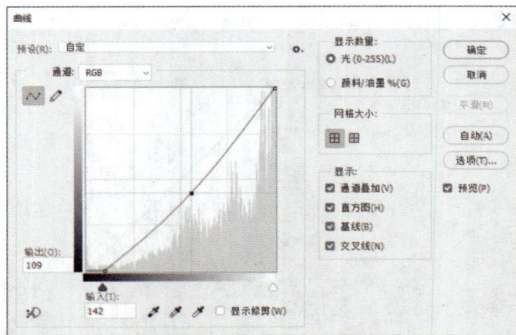

图 7-67　　　　　　　　　　　图 7-68　　　　　　　　　　　图 7-69

7.4.2　色阶

色阶是用于调整图像亮度范围和颜色平衡的工具，通过如图7-70所示的"色阶"对话框，调整输入色阶和输出色阶滑块，可分别对图像暗部、中间调、亮部的亮度值进行调整，还能利用黑场、灰场、白场吸管工具校正图像偏色问题，使图像光影和色彩更准确。适合快速调整图像整体亮度、对比度及初步颜色校正。

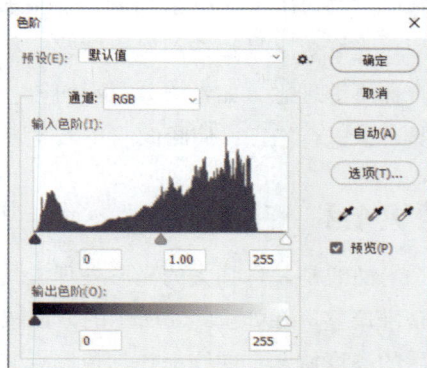

图 7-70

动手练 调整曝光不足的图像

下面使用色阶调整曝光不足的图像，具体操作步骤如下。

步骤 01 打开如图7-71的素材图像。

步骤 02 执行"图像"|"色阶"命令，或按Ctrl+L组合键，在弹出的"色阶"对话框中设置参数，如图7-72所示。

步骤 03 单击"确定"按钮，应用效果如图7-73所示。

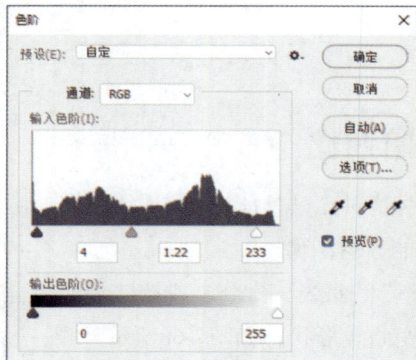

图 7-71　　　　　　　　　　　图 7-72　　　　　　　　　　　图 7-73

7.4.3 亮度/对比度

亮度/对比度是简单直接的光影调整工具，在如图7-74所示的"亮度/对比度"对话框中，可以通过拖动"亮度"滑块改变图像整体的明亮程度，拖动"对比度"滑块增强或减弱图像亮部与暗部的差异，使图像层次更明显或更柔和。适用于对图像进行整体的亮度和对比度调整，适合无须精细调整不同亮度区域，只想简单改变图像明暗和对比效果时使用。

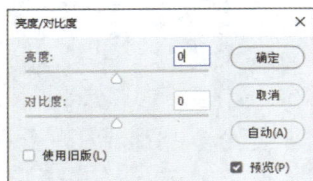

图 7-74

动手练 细微调整图像的亮度与对比度

下面使用"亮度/对比度"命令细微调整图像的亮度与对比度，具体操作步骤如下。

步骤 01 打开如图7-75所示的素材图像。

步骤 02 执行"图像"|"调整"|"亮度/对比度"命令，在弹出的"亮度/对比度"对话框中设置参数，如图7-76所示。

步骤 03 单击"确定"按钮，应用效果如图7-77所示。

图 7-75

图 7-76

图 7-77

7.4.4 色相/饱和度

色相/饱和度工具用于调整图像颜色属性，包括色相、饱和度和明度，改变色相可调整图像整体颜色基调，调整饱和度使颜色更鲜艳或暗淡，调整明度改变图像整体亮度，且保持色相和饱和度相对不变。常用于色彩的增强或减弱、局部调色、明度调整以及特殊效果制作。

动手练 增强画面色彩冲击力

下面利用色相/饱和度调整图像的色相与饱和度，以增强画面色彩冲击力，具体操作步骤如下。

步骤 01 打开如图7-78所示的素材图像。

步骤 02 按Ctrl+U组合键，在弹出的"色相/饱和度"对话框中设置参数，如图7-79所示。最终效果如图7-80所示。

图 7-78

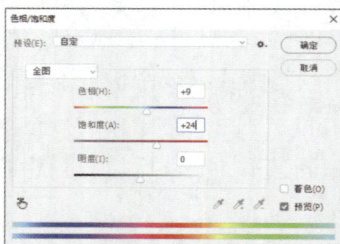
图 7-79

图 7-80

7.4.5　色彩平衡

色彩平衡通过调整色彩平衡度来改变图像颜色，可针对图像阴影、中间调、高光三个不同亮度区域，通过拖动颜色滑块增加或减少某种颜色含量，实现对图像颜色的精细控制，营造不同的色彩氛围。常用于校正偏色、风格化调色以及分区调整等。

动手练 **图像的风格化色彩调整**

下面使用色彩平衡对图像进行风格化色彩调整，具体操作步骤如下。

步骤 01 打开如图7-81所示的素材图像。

步骤 02 按Ctrl+B组合键，在弹出的"色彩平衡"对话框中设置参数，如图7-82所示。最终效果如图7-83所示。

图 7-81

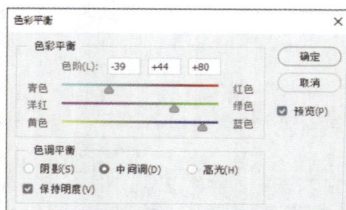
图 7-82

图 7-83

7.5　蒙版合成

蒙版合成是Photoshop中实现多图像无缝融合的核心技术，其核心优势在于非破坏性编辑能力——通过矢量化控制图层显示范围，避免直接像素擦除导致的不可逆修改。

7.5.1　图层蒙版

图层蒙版是一种非破坏性的图像合成工具，通过控制蒙版的黑白灰分布，可实现对图层内容的隐藏或显示，从而将不同图层的图像自然融合，在保留原始图像数据的同时，进行灵活的图像合成与效果调整。

动手练 径向渐隐效果

下面使用图层蒙版为图像创建径向渐隐效果，具体操作步骤如下。

步骤 01 新建任意大小的文档，置入图像并调整大小，如图7-84所示。

步骤 02 在"图层"面板中，单击"图层"面板底部的"添加图层蒙版"按钮，在图层上添加一个全白的蒙版缩略图，如图7-85所示。

图 7-84

图 7-85

步骤 03 选择渐变工具或画笔工具，设置前景色为黑色，在图层蒙版上绘制调整图层的显示区域，效果如图7-86所示。

步骤 04 此时，在"图层"面板中，蒙版中的白色表示完全显示该图层的内容，黑色表示完全隐藏，灰色则表示不同程度的透明度，如图7-87所示。

图 7-86

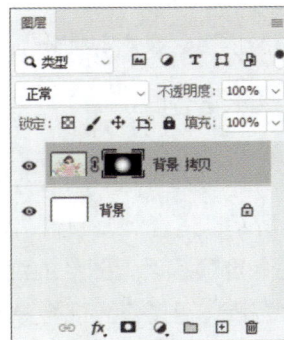

图 7-87

知识链接

按住Alt键的同时单击"添加图层蒙版"按钮，可以创建一个全黑的蒙版，也就是空蒙版，表示该图层的内容将完全隐藏。此时，若要对其进行显示调整，可以将前景色设置为白色。

7.5.2　剪贴蒙版

剪贴蒙版由基底图层（底层）与内容图层（上层）组成，上层内容仅在基底图层的非透明像素范围内显示，超出部分被隐藏。其中，基底图层需为非透明图层，如形状、文字、像素图层等，透明区域将屏蔽上层内容。广泛应用于UI设计、插画绘制、照片合成等领域。

动手练 **创建剪贴蒙版**

下面为图像创建剪贴蒙版，具体操作步骤如下。

步骤 01 置入两个素材图层，将内容层置于上方，按住Alt键的同时将光标放置在两个图层中间的位置，图标显示为 状态，如图7-88所示。

步骤 02 单击创建剪贴蒙版，也可以直接按Ctrl+Alt+G组合键，效果如图7-89所示。

步骤 03 可根据需要调整内容层的显示，最终效果如图7-90所示。

图 7-88

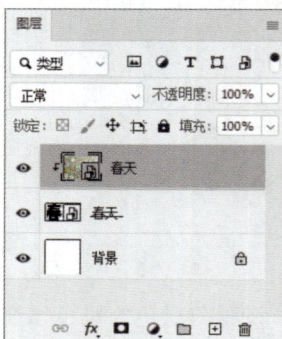
图 7-89

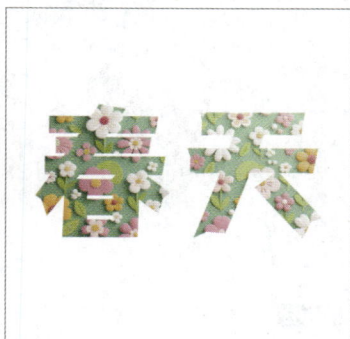
图 7-90

7.6　滤镜特效

滤镜特效是Photoshop中强大的创意工具，可以为AI生成的图像添加各种独特的视觉效果，如内发光、描边、投影，使作品更具个性和艺术感，满足不同设计风格和创意需求。

7.6.1　图层样式

图层样式通过非破坏性图层属性叠加，为AI图像快速添加发光、阴影、立体纹理等效果，如图7-91所示，适合需要频繁调整的视觉强化需求。

- **混合选项**：设置图像的混合模式与不透明度、设置图像的填充不透明度、指定通道的混合范围，以及设置混合像素的亮度范围。
- **斜面与浮雕**：可以添加不同组合方式的浮雕效果，从而增加图像的立体感。
- **描边**：可以使用颜色、渐变以及图案描绘图像的轮廓边缘。
- **内阴影**：可以在紧靠图层内容的边缘向内添加阴影，使图层呈现凹陷的效果。
- **内发光**：沿图层内容的边缘向内创建发光效果。
- **光泽**：可以为图像添加光滑的具有光泽的内部阴影。
- **颜色叠加**：可以在图像上叠加指定的颜色，通过混合模式的修改调整图像与颜色的混合效果。

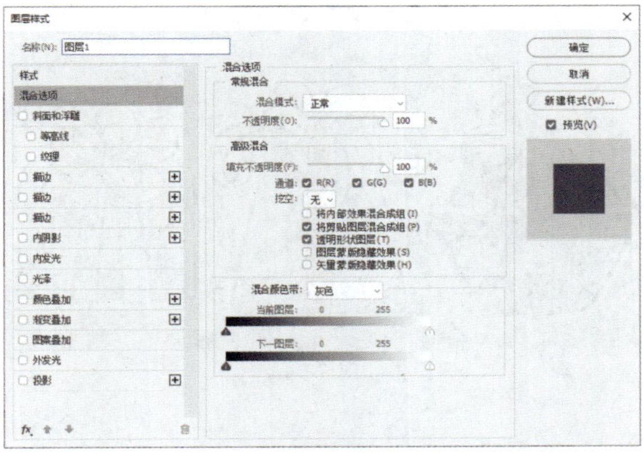

图 7-91

- **渐变叠加**：可以在图像上叠加指定的渐变色。
- **图案叠加**：可以在图像上叠加图案。通过混合模式的设置使叠加的图案与原图进行混合。
- **外发光**：可以沿图层内容的边缘向外创建发光效果。
- **投影**：可以为图层模拟出向后的投影效果，增强某部分的层次感以及立体感。

动手练 添加描边效果

下面使用图层样式为图像添加描边效果，具体操作步骤如下。

步骤 01 打开如图7-92所示的素材图像。

图 7-92

步骤 02 单击"图层"面板底部的"添加图层样式"按钮，在弹出的菜单中选择任意一种样式，即可弹出"图层样式"对话框，选择"描边"选项设置参数，如图7-93所示。

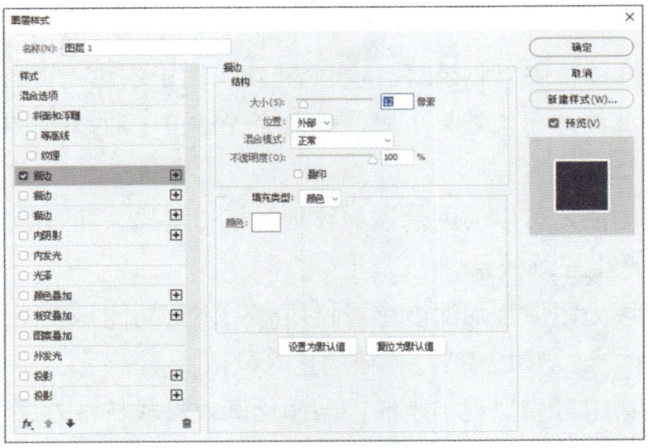

图 7-93

步骤 03 单击"确定"按钮，应用效果如图7-94所示。

图 7-94

7.6.2　滤镜库

滤镜库通过多滤镜组合预览，为AI图像批量添加艺术化效果，如油画、素描、水彩等，适合快速风格化处理。执行"滤镜"|"滤镜库"命令，在弹出的对话框中选择所需的滤镜类别和具体滤镜，在右侧面板中调整滤镜参数，实时预览效果。图7-95所示为应用海洋波纹的效果。

图 7-95

- **风格化**：该滤镜组中只收录一个滤镜，应用后能使图像产生鲜明的轮廓线，营造出类似霓虹灯的亮光效果。
- **画笔描边**：该滤镜组用于模拟不同的画笔或油墨笔刷来勾画图像，使图像产生手绘效果。
- **扭曲**：该滤镜组在滤镜中只收录3种：玻璃滤镜（用于创建逼真的玻璃效果）、海洋波纹滤镜（模拟海洋波纹的起伏效果）以及扩散亮光滤镜（通过扩散图像中的亮光部分来营造出柔和的光晕效果）。
- **素描**：该滤镜组的使用可以为图像增加纹理，模拟素描、速写等艺术效果，也可以在图像中加入底纹来产生三维效果。
- **纹理**：该滤镜组可为图像添加深度感或材质感，主要功能是在图像中添加各种纹理，为设计作品增加立体感、历史感或是抽象的艺术风格。
- **艺术效果**：该滤镜组可模拟现实生活，制作绘画效果或特殊效果，可以为作品添加艺术特色。

动手练 **为图像添加纹理化效果**

下面使用滤镜库为图像添加纹理化效果，营造画布的真实感，具体操作步骤如下。

步骤 01 打开素材图像，执行"滤镜"|"滤镜库"命令，在弹出的对话框中选择"纹理"选项组中的"纹理化"应用，并设置其参数，如图7-96所示。

图 7-96

步骤 02 前后效果如图7-97和图7-98所示。

图 7-97

图 7-98

7.6.3 Camera Raw滤镜

Camera Raw滤镜通过专业级RAW调色工具，为AI图像提供电影级色彩分级与光影重塑能力，适合需要精细化色彩管理的项目。执行"滤镜"|"Camera Raw滤镜"命令，弹出"Camera Raw"对话框，如图7-99所示。

图 7-99

165

`动手练` **电影感画面效果**

下面使用Camera Raw滤镜为图像添加电影感画面效果，具体操作步骤如下。

步骤 01 打开如图7-100所示的素材图像。

步骤 02 执行"滤镜"|"Camera Raw滤镜"命令，弹出"Camera Raw"对话框，单击"预设"按钮，在"电影感Ⅱ"中选择"CN18"，如图7-101所示。

步骤 03 继续单击"编辑"按钮，在"颜色"选项组中设置参数，如图7-102所示。

图 7-100

图 7-101

图 7-102

步骤 04 向下拖动，在"效果"选项组中设置参数，如图7-103所示。单击"确定"按钮即可应用效果。

图 7-103

7.6.4 液化滤镜

液化滤镜通过网格变形工具对AI图像进行局部形变调整，适合修正人物/物体轮廓、模拟流体效果或创作抽象艺术。执行"滤镜"|"液化"命令，弹出"液化"对话框，该对话框中提供液化滤镜的工具、选项和图像预览，如图7-104所示。

图 7-104

动手练 **瘦身调整**

下面使用液化滤镜为人物的半身照照片进行瘦身优化调整，具体操作步骤如下。

步骤01 打开如图7-105所示的素材图像。

步骤02 执行"滤镜"|"液化"命令，弹出"液化"对话框。选择"脸部工具"调整脸部显示，也可以直接在右侧"脸部形状"选项组中设置参数，如图7-106所示。

图 7-105

167

图 7-106

步骤 03 选择"向前变形工具" ⚙ 调整人物脸部与上半身的线条，如图7-107所示。单击"确定"按钮应用调整效果。

图 7-107

7.6.5　其他独立滤镜

除了上述滤镜外，Photoshop还提供许多独立的滤镜，每种滤镜都有其独特的功能和应用场景。

1. 模糊滤镜

模糊滤镜通过像素值平均化或方向性像素偏移，实现画面柔化、空间层次构建及动态效果模拟，适用于氛围渲染、瑕疵隐藏与视觉焦点引导。常用模糊滤镜的作用以及应用场景如表7-1所示。

表7-1

滤镜	核心作用	AI图像应用场景
高斯模糊	通过高斯函数对图像进行加权平均，实现均匀模糊效果，柔化图像	平滑皮肤、背景虚化掩盖 AI 生成图像的边缘瑕疵
动感模糊	沿指定方向和距离对像素进行线性偏移，模拟运动模糊效果	增强 AI 合成图像的动态感游戏 / 动画中的特效渲染

（续表）

滤镜	核心作用	AI图像应用场景
径向模糊	从中心向外或从外向内进行模糊，模拟缩放或旋转的动态效果。	突出画面中心主体、模拟镜头缩放、旋转特效
镜头模糊	模拟真实镜头的光学模糊效果，支持自定义焦平面和散景形状	AI摄影背景虚化、3D渲染图像的焦点分层
移轴模糊	模拟移轴镜头的模糊效果，使画面呈现微缩模型般的视觉效果	将AI生成的建筑或风景图像转换为微缩景观

2．扭曲滤镜

扭曲滤镜通过像素几何变换或物理模拟，突破AI图像的原始形态限制，实现超现实视觉表达、结构优化及动态效果生成。常用扭曲滤镜的作用以及应用场景如表7-2所示。

表7-2

滤镜	核心作用	AI图像应用场景
波浪	通过对图像像素进行波浪形的几何变换，使图像产生起伏的波浪效果，营造动感、奇幻氛围	模拟水面倒影的波动效果动态海报或广告中的视觉冲击增强
波纹	以图像中心或指定点为圆心，产生同心圆形的波纹扭曲效果，可调整波纹的幅度和数量	AI合成图像中的能量场或魔法特效科幻场景中的声波/震动模拟
极坐标	将图像从直角坐标转换为极坐标或反之，使图像产生扭曲变形，创造出独特的视觉形态	360°全景图的天穹效果合成AI生成星球或微观世界视觉效果
旋转扭曲	围绕图像中心进行旋转扭曲，越靠近中心扭曲程度越大，能制造出漩涡般的动态效果	模拟黑洞或宇宙漩涡或AI绘画中的超现实变形

3．锐化滤镜

锐化滤镜通过边缘对比度强化或多通道分析，提升图像的局部清晰度、整体锐度及视觉冲击力，同时需避免过度锐化导致的噪点放大。常用锐化滤镜的作用以及应用场景如表7-3所示。

表7-3

滤镜	核心作用	AI图像应用场景
USM锐化	通过非锐化掩模技术增强边缘对比度，可精确控制锐化半径、强度和阈值	修复AI生成图像的模糊边缘，提升图像的清晰度以及人像局部细节
锐化	基础算法直接强化像素对比度，简单快速但易产生噪点	AI批量处理中的快速清晰化配合降噪滤镜使用的初步锐化阶段
智能锐化	基于AI算法分析图像内容，自适应调整锐化区域并抑制噪点	修复GAN生成图像的伪影/模糊区域，艺术风格转化后保留笔触锐度

4．杂色滤镜

杂色滤镜通过可控的随机像素扰动，为AI图像模拟物理介质纹理，如胶片颗粒、数字噪点、复古扫描线等，或作为创意工具增强视觉层次。常用杂色滤镜的作用以及应用场景如表7-4所示。

表7-4

滤镜	核心作用	AI图像应用场景
减少杂色	通过降低图像中的随机像素扰动，减少噪点和颗粒感，提升图像纯净度	消除AI生成图像中的数字噪点，优化3D渲染图的材质表现，去除伪影
蒙尘与划痕	模拟物理介质上的灰尘和划痕效果，增加图像的复古或磨损质感	模拟老照片的岁月痕迹，增强游戏场景中的环境真实感
添加杂色	在图像中增加可控的随机像素扰动，模拟胶片颗粒、数字噪点等效果	为AI插画添加胶片质感颗粒，增强数字绘画的纹理表现
中间值	通过替换像素值为邻域像素的中间值，减少杂色并保留边缘细节，平滑图像	柔化AI生成图像的细节，减少过度锐化优化人像皮肤质感，保留五官细节

动手练 **丁达尔光束效果**

下面使用模糊滤镜制作丁达尔光束效果，具体操作步骤如下。

步骤 01 打开如图7-108所示的素材图像。

步骤 02 按Ctrl+Alt+2组合键选择高光部分，按住Alt键调整，如图7-109所示。按Ctrl+J组合键复制。

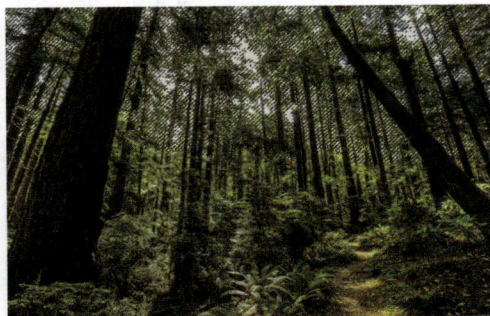

图 7-108   图 7-109

步骤 03 执行"滤镜"|"模糊"|"径向模糊"命令，在弹出的"径向模糊"对话框中设置参数，如图7-110所示。

步骤 04 按Ctrl+J组合键复制图层并更改混合模式为"强光"，如图7-111所示。

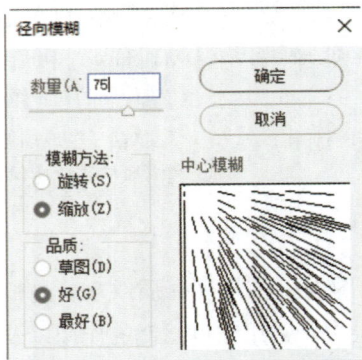
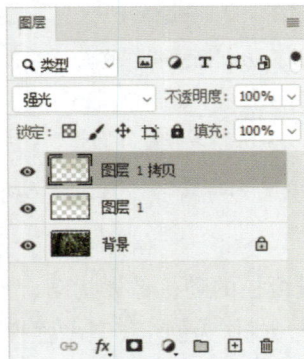

图 7-110   图 7-111

步骤 05 效果如图7-112所示。

步骤 06 选择两个复制的图层创建新组，添加图层蒙版后，使用"画笔工具"调整显示，效果如图7-113所示。

图 7-112

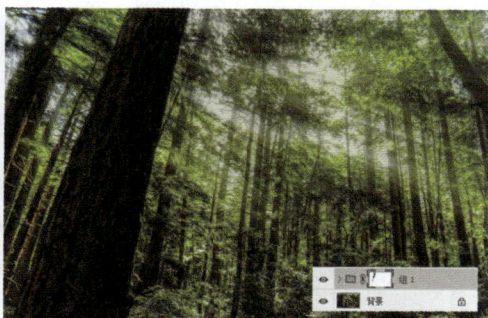

图 7-113

7.7 图像的矢量化编辑与优化

AI生成图像后，可以借助Illustrator、CorelDRAW等矢量软件将位图转换为可编辑的矢量图，并进行精细化调整，以适应不同设计需求。下面介绍如何使用Illustrator编辑图像。

7.7.1 图像描摹

图像描摹是将位图图像转换为矢量路径，保留边缘细节并实现无损缩放。置入位图图像，在控制栏中单击"描摹预设"按钮，在弹出的菜单中可以选择多种描摹预设，如图7-114所示。

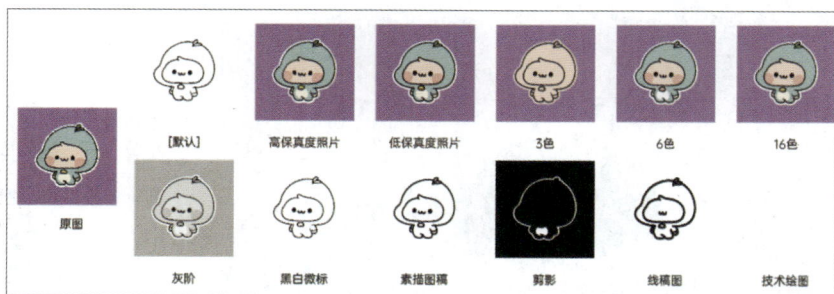

图 7-114

> **⊘注意** Photoshop中的选项栏在Illustrator中被称为控制栏，其功能相同。

当描摹结果达到预期时，可以将描摹对象转换为路径。在控制栏中的"视图"选项中可以查看描摹效果，如图7-115所示。单击"扩展"按钮，即可将描摹对象转换为路径。图7-116所示为5种描摹扩展效果。

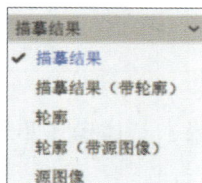

图 7-115

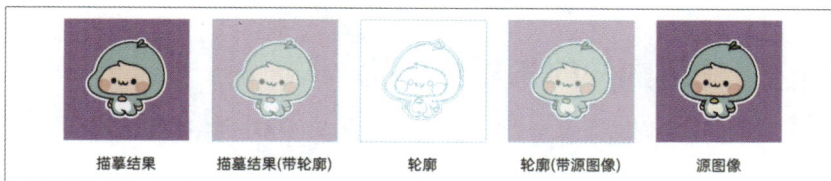

图 7-116

以默认的描摹效果为例，右击，在弹出的快捷菜单中选择"取消分组"选项，单击背景选中，如图7-117所示，按Delete键删除，可继续选择路径删除，如图7-118所示，最终效果如图7-119所示。

图 7-117

图 7-118

图 7-119

7.7.2　全局色彩管理

全局色彩管理旨在统一调整矢量图的色相、饱和度、明度等。选中需要调整的矢量图稿（支持单对象或多对象组），在控制栏中单击"重新着色图稿"按钮，在弹出的面板中可通过拖动面板中的色相滑块改变整体色调，如图7-120和图7-121所示。拖动明度滑块调整图形明亮程度，如图7-122所示，拖动饱和度滑块增加或降低色彩鲜艳度，如图7-123所示。还可以在面板中选择预设的色彩搭配方案，快速改变矢量图整体色彩风格。

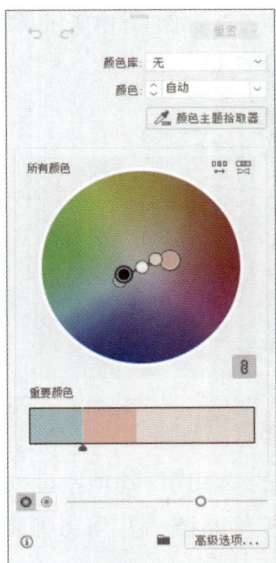
图 7-120

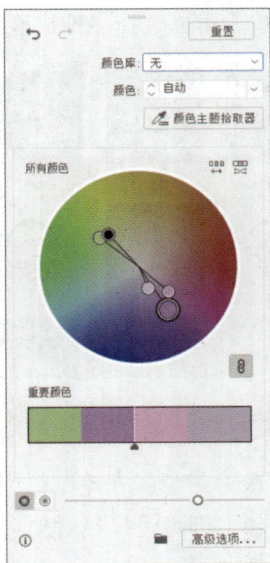
图 7-121

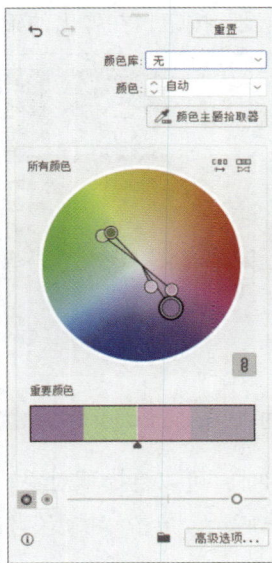
图 7-122

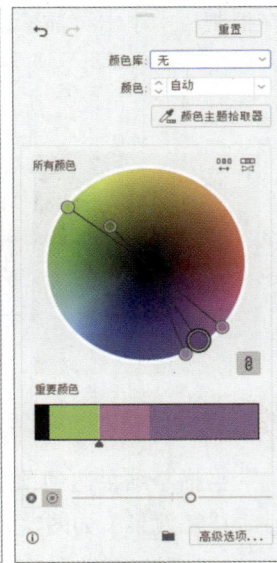
图 7-123

动手练　建筑图像的矢量化转绘

下面使用图像描摹命令将图像转绘为3色效果，并整体调整其颜色效果，具体操作步骤如下。

步骤 01 新建任意大小的文档，置入图像并调整大小，如图7-124所示。

步骤 02 在控制栏中单击"描摹预设"按钮，在弹出的菜单中选择"3色"描摹预设，效果如图7-125所示。

图 7-124

图 7-125

步骤 03 在控制栏中单击"扩展"按钮，效果如图7-126所示。

步骤 04 继续在控制栏中单击"重新着色图稿"按钮，在弹出的面板中设置参数，效果如图7-127所示。

图 7-126

图 7-127

步骤 05 选择"魔棒工具"，单击背景部分，效果如图7-128所示。

步骤 06 更改填充颜色为白色，使用"画板工具"调整画板的效果，使其和图像等大，效果如图7-129所示。

图 7-128

图 7-129

7.7.3 符号复用

通过符号化重复元素，可以减小文件大小并实现批量编辑。选择需要重复使用的图形元素，如图7-130所示，执行"编辑"|"定义符号"命令，将其定义为符号，如图7-131所示。使用

"符号喷枪工具"等符号相关工具，可快速将符号元素添加到画面中，如图7-132所示。当需要修改这些重复元素时，只需编辑符号本身，所有使用该符号的实例都会同步更新。

图 7-130

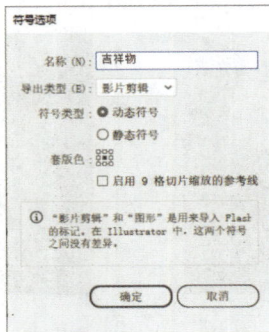

图 7-131

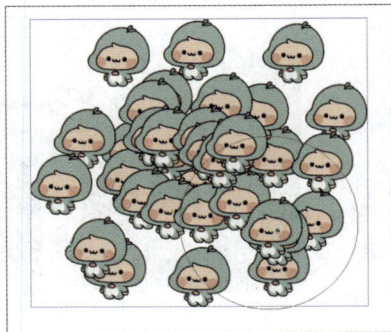

图 7-132

7.8 实战演练：极坐标旋涡效果

下面在即梦AI中生成图像素材，然后通过Photoshop中的图像调整、滤镜等命令制作极坐标旋涡效果，具体操作步骤如下。

步骤 01 打开即梦AI，进入"图片生成"界面，在左上角的输入框中单击"DeepSeek-R1"按钮，输入提示词："蓝天，海平面，波浪"。

步骤 02 单击"发送"按钮 ↑ ，生成如下内容。

DeepSeek

晴朗蓝天与深邃海洋的交界处，细腻云层在海面投下斑驳光影，广角镜头，极简主义风格，高饱和度色彩，水平线居中构图，适用于壁纸背景。

阳光穿透积云在涌动的海浪上形成光斑，远处白帆三点错落分布，写实水彩风格，黄金时刻光线，全景深镜头，动态模糊处理的浪花。

渐变钻蓝色天空映衬着珍珠白浪峰线，抽象几何波浪纹路由近及远延伸，孟菲斯设计风格，2.35∶1超宽画幅，丙烯酸树脂质感渲染。

暮色中的海天相接处泛着紫橙渐变，飞溅的浪花中隐约浮现鲸鱼尾鳍剪影，科幻插画风格，背光逆射效果，流体动力学模拟渲染。

步骤 03 向下拖动设置图片比例为1∶1，选择第四种方案，单击"立即生成"按钮。系统将根据描述自动生成创意图像，生成的图像效果如图7-133所示。

图 7-133

步骤 04 单击第二张生成的图像，查看详细效果并保存，如图7-134所示。

图 7-134

步骤 05 执行"滤镜"|"扭曲"|"切变"命令，在弹出的"切变"对话框中设置参数，如图7-135所示，效果如图7-136所示。

步骤 06 执行"滤镜"|"扭曲"|"极坐标"命令，在弹出的"极坐标"对话框中设置参数，如图7-137所示，效果如图7-138所示。

步骤 07 使用"污点修复画笔工具"涂抹连接处进行修复，效果如图7-139所示。

步骤 08 按Ctrl+J组合键复制图层，按Ctrl+T组合键等比例缩小，右击，在弹出的快捷菜单中选择"垂直翻转"选项，效果如图7-140所示。

图 7-135

图 7-136

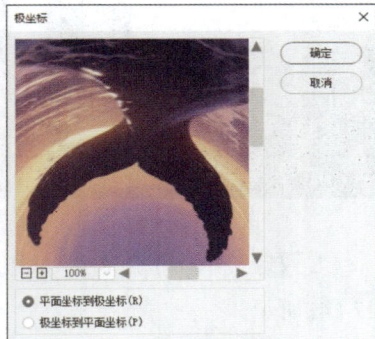

图 7-137

图 7-138

图 7-139

图 7-140

步骤 09 在"图层"面板中选择背景图层后新建透明图层，效果如图7-141所示。

步骤 10 使用"吸管工具"在图像的左下角单击取色，如图7-142所示。

步骤 11 使用"油漆桶工具"单击填充，如图7-143所示。

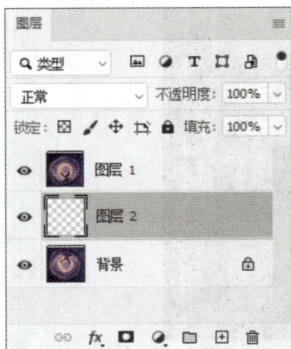

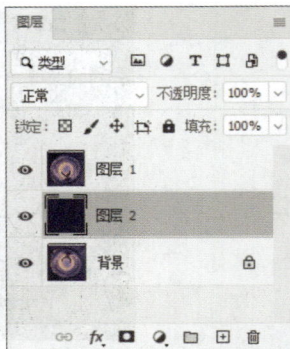

图 7-141 图 7-142 图 7-143

步骤 12 选择三个图层，按Ctrl+E组合键合并图层，效果如图7-144所示。

步骤 13 使用"混合器画笔工具"涂抹边缘使其过渡自然，效果如图7-145所示。

步骤 14 执行"滤镜"|"液化"命令，在弹出的"液化"对话框中调整过渡不和谐的位置，使其变得更加平滑，效果如图7-146所示。

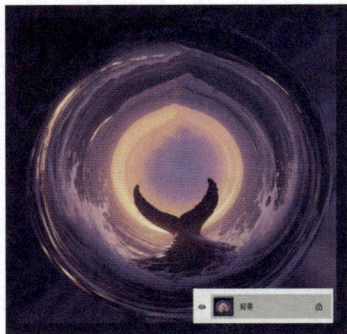

图 7-144 图 7-145 图 7-146

步骤 15 按Ctrl+L组合键，在弹出的"色阶"对话框中设置参数，如图7-147所示。效果如图7-148所示。

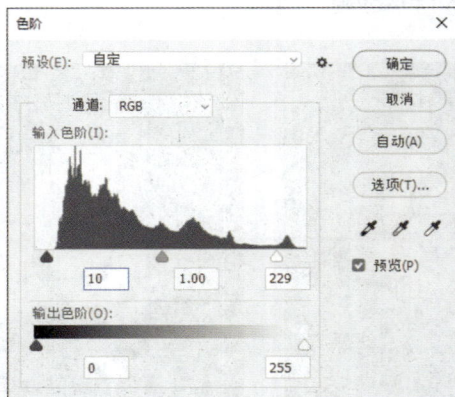

图 7-147 图 7-148

第 **8** 章

场景实战：
DeepSeek+ 行业应用
案例详解

本章聚焦于行业应用案例，通过实际操作场景展示，深度解析各类设计技能在不同领域的具体运用，旨在帮助读者将理论知识与实际行业需求紧密结合，提升实际操作能力与创意水平，快速掌握并灵活运用相关技能解决实际问题。

8.1 插画绘制——环保主题插画设计

环保主题插画设计是通过艺术创作的形式，将环保理念以直观、生动且富有感染力的视觉画面呈现出来。旨在唤起人们对环境保护的重视，激发大众参与环保行动的意识。其内容可涵盖保护野生动物、维护生态平衡、倡导资源节约、减少污染等方面，通过独特的创意构思、色彩搭配和绘画技法，让环保主题深入人心。该类型的提示词描述可以包含以下要素。

- **画面主体：** 明确核心元素，如特定的动物、植物、人物等。
- **场景设定：** 自然或人工环境，如森林、海洋、城市等。
- **艺术风格：** 写实、卡通、水彩风等。
- **色彩倾向：** 冷色调（危机感）、暖色调（希望感）、对比色（冲突感）。
- **情感/理念：** 紧迫性、希望、讽刺或解决方案导向。

步骤 01 打开DeepSeek，进入操作界面，输入提示词："生成关于环保主题的插画方案，植物、森林、写实风格、暖色调，传递希望"。

内容生成如下。

DeepSeek

以下是3个以环保为主题的插画方案，围绕植物、森林、写实风格和暖色调设计，传递希望与生命力。

方案一：森林的复苏

主题： 展现被砍伐的森林重新焕发生机的过程。

构图：

- **前景：** 一棵被砍断的老树桩，年轮清晰可见，但树桩侧面萌发出嫩绿的新芽，象征生命的顽强。
- **中景：** 阳光穿透森林，照亮一片正在恢复的林地，地面散落着新生的野花（蒲公英、雏菊）和蕨类植物。
- **背景：** 远处有志愿者正在种植新树苗，背景森林逐渐茂密，色调由黄绿过渡到深绿。

色彩：

- **主色调：** 暖黄（阳光）＋橄榄绿（老树）＋嫩绿（新芽）。
- **光影：** 晨雾中的丁达尔效应，突出希望感。

方案二：树冠的拥抱

主题： 人类与森林的共生关系。

构图：

- **视觉焦点：** 一双写实的手（肤色偏暖）轻轻托住一株幼小的橡树苗，树根与手指微微交织，象征守护。
- **周围元素：** 手的后方是茂密的森林虚影，包含不同树种（白桦、松树）、蘑菇和藤蔓，细节写实。
- **细节：** 树苗的叶片上沾有露珠，背景有蝴蝶和鸟群飞过。

色彩：

● **主色调**：赭石色（手部）＋翡翠绿（树叶）＋浅金（光斑）。

● **氛围**：柔焦处理，突出温暖与宁静。

方案三：生命之河

主题：河流滋养森林生态系统，传递循环与希望。

构图：

● **视角**：俯视一条蜿蜒的溪流穿过森林，水流清澈见底，倒映出天空和树影。

● **细节**：溪流中有游动的鱼群、漂浮的睡莲。两岸为丰富的植被（芦苇、枫树、苔藓），一只鹿低头饮水。远景为彩虹跨过森林，暗示雨后新生。

色彩：

● **主色调**：琥珀色（水流）＋红棕（秋季树叶）＋钴蓝（水面高光）。

● **风格**：写实中带少许笔触质感，增强自然气息。

三个方案的共同特点。

● **光影**：强调阳光穿透感，营造神圣与希望。

● **细节**：植物种类多样（苔藓、野花、藤蔓），增强写实层次。

● **隐喻**：通过新芽、彩虹、植被等元素传递环保行动的积极结果。

可根据实际需求调整视角或元素密度（如增加更多动物/人类互动）。

步骤 02 继续输入提示词："**请根据方案二生成适用于即梦AI的生图提示词**"。
内容生成如下。

DeepSeek

即梦AI生图提示词（中文版）

核心描述：

写实风格，暖色调，一双人类的手轻轻托住一株幼小的橡树苗，手部皮肤细腻有温度，树根与手指微微交织，象征守护与共生。背景是茂密的森林虚影，包含白桦树、松树和藤蔓，细节逼真。树苗叶片嫩绿带有露珠，阳光透过树叶形成光斑，蝴蝶和鸟群飞过，整体氛围宁静充满希望。

完整提示词：

写实风格，超高清细节，暖色调（阳光透过树叶的丁达尔效应），一双温暖的手（肤色偏暖，细腻纹理）轻轻托住一株幼小的橡树苗，树根与手指柔和交织，嫩绿的叶片上有晶莹露珠，背景是虚化的茂密森林（白桦树、松树、蕨类植物、蘑菇），柔和的光斑洒落，空中飞舞着彩色蝴蝶和鸟群，自然生命力，希望感，8K渲染，景深效果，胶片质感。

关键权重强调：

● **必加元素**：（橡树苗：1.3）、（手与树根交织：1.2）、（阳光透射：1.1）。

● **风格强化**：写实风格，8K细节，暖色调滤镜。

● **避免元素**：暗黑风格，机械感，冷色调。

步骤 **03** 登录即梦AI，进入操作界面。单击"图片生成"按钮，进入"图片生成"界面，输入提示词："写实风格，超高清细节，暖色调（阳光透过树叶的丁达尔效应），一双温暖的手（肤色偏暖，细腻纹理）轻轻托住一株幼小的橡树苗，树根与手指柔和交织，嫩绿的叶片上有晶莹露珠，背景是虚化的茂密森林（白桦树、松树、蕨类植物、蘑菇），柔和的光斑洒落，自然生命力，希望感，8K渲染，景深效果，胶片质感"。

步骤 **04** 输入提示词后，设置图片比例为4∶3，单击"立即生成"按钮。系统将根据描述自动生成创意图片，生成的图片效果如图8-1所示。

图 8-1

步骤 **05** 单击任意一张生成的图像，即可查看详细效果，如图8-2所示。

图 8-2

8.2 平面广告——好人好事公益广告

好人好事公益广告设计是通过视觉创意和文案结合的形式，将社会正能量、互助精神以直观、温暖且具有传播力的平面画面呈现出来。旨在弘扬善举、激发公众参与公益行动、营造和谐友爱的社会氛围。其内容可涵盖邻里互助、志愿者服务、关爱弱势群体、动物保护等多个真实案例，通过鲜明的视觉符号、情感化构图和精准的文案设计，传递"人人可公益"的理念。该类型的提示词描述可以包含以下要素。

- **画面主体：** 明确核心元素，如帮助者与被帮助者的互动、象征性物品（如伞、食物、手等）。
- **场景设定：** 真实生活场景，如街道、社区、公园等。
- **艺术风格：** 写实摄影+手绘合成、扁平插画、纪实风格等。
- **色彩倾向：** 暖色调（温暖感）、高对比（冲击力）、柔和色调（亲和力）。
- **情感/理念：** 感动、希望、呼吁行动或榜样力量。

步骤 **01** 打开DeepSeek，进入操作界面，输入提示词："生成关于好人好事公益广告的平面设计方案，聚焦'雨中助人'主题，写实摄影+轻度手绘风格，暖色调，传递温暖与希望"。

内容生成如下。

DeepSeek

好人好事公益广告设计方案：雨中助人。

主题："一把伞的温暖，一座城的温度"（写实摄影+手绘合成风格，暖色调，传递希望与互助精神）。

1. 核心视觉创意

（1）画面主体

焦点互动：一位身穿浅色衬衫的上班族（30岁左右）将伞倾斜向环卫工人（60岁左右，身着橙色工作服），自己右肩被雨水淋湿。

关键细节：

- 伞面透明，雨水滑落形成动态模糊，阳光穿透云层在伞顶折射出彩虹光斑（手绘特效）。
- 环卫工人微微抬头，眼神感动；上班族侧脸微笑，自然不做作。

（2）场景设定

- **环境**：城市早高峰街道，地面湿润反光，倒映模糊的行人身影和霓虹灯牌（"爱心便利店"字样增强代入感）。
- **背景**：虚化的公交车和打伞路人，突出互动主体。

（3）色彩与风格

- **主色调**：暖橙（伞面、环卫工服装）+灰蓝（雨天背景），冷暖对比强化温暖感。
- **艺术处理**：人物摄影写实，皮肤纹理和雨滴清晰；光线与彩虹采用轻度手绘笔触，增加艺术感染力。

2. 文案设计

（1）主标语

"你撑起的伞，遮了风雨，也亮了人心"

（字体：方正粗宋，暖橙色描边白字，左上方构图）

（2）副标与行动号召

#雨天温暖随手拍# @城市公益联盟

（字体：阿里巴巴普惠体，浅灰色，右下角平衡画面）

（3）附加信息

底部小字："每一个善举都值得被记录→扫码上传你的暖心瞬间"。

二维码：设计成水滴形状，扫码跳转公益平台。

步骤 02 输入提示词："生成适用于即梦AI生图的提示词（中文版）"。

内容生成如下。

DeepSeek

即梦AI生图提示词（中文版）

主题："雨中互助"公益广告（写实摄影+手绘光效，暖色调）。

写实摄影风格，轻度手绘光影，8K超清，暖色调，一位30岁左右的年轻上班族（穿浅蓝衬衫，黑色西裤）与一位60岁左右的环卫工人（橙色工作服，皱纹细节）共撑一把透明雨伞，上班族将伞倾向环卫工人，自己右肩被雨水淋湿，雨滴在伞面滑落形成动态模糊，阳光穿透云层在伞顶折射出彩虹光斑（手绘特效），环卫工人抬头露出感激眼神，上班族侧脸微笑，背景为雨天城市街道（湿润地面倒映霓虹灯光），虚化的行人和公交车，富士胶片质感，浅景深，中心构图，主光源从左上角照射，整体氛围温暖感人。

（1）附加参数建议

- 比例：--ar 3:4（竖版海报）。
- 风格：--style 4b（写实艺术平衡）。
- 排除：--no 暗黑风格 模糊 卡通。

（2）重点元素权重

- 彩虹光斑：1.3。
- 共撑雨伞互动：1.2。
- 地面雨水倒影：1.1。

（3）可选调整

- 增加标语："你的一把伞　温暖一座城"。
- 添加二维码：右下角水滴形设计。
- 调整色调：--色调温暖80% 冷色20%。

步骤 03 打开并登录即梦AI，进入操作界面。单击"图片生成"按钮，进入"图片生成"界面，输入提示词："写实摄影风格，轻度手绘光影，8K超清，暖色调，一位30岁左右的年轻上班族（穿浅蓝衬衫，黑色西裤）与一位60岁左右的环卫工人（橙色工作服，皱纹细节）共撑一把透明雨伞，上班族将伞倾向环卫工人，自己右肩被雨水淋湿，雨滴在伞面滑落形成动态模糊，阳光穿透云层在伞顶折射出彩虹光斑（手绘特效），环卫工人抬头露出感激眼神，上班族侧脸微笑，背景为雨天城市街道（湿润地面倒映霓虹灯光），虚化的行人和公交车，富士胶片质感，浅景深，中心构图，主光源从左上角照射，整体氛围温暖感人"。

步骤 04 输入提示词后，设置图片比例为3：4，单击"立即生成"按钮。系统将根据描述自动生成创意图片，生成的图片效果如图8-3所示。

图 8-3

步骤 05 单击任意一张生成的图像，即可查看详细效果，如图8-4所示。

步骤 06 在界面右侧单击"去画布进行编辑"按钮，在新界面中单击"添加文字"按钮 T，输入"你的一把伞　温暖一座城"后设置字体参数，效果如图8-5所示。

图 8-4

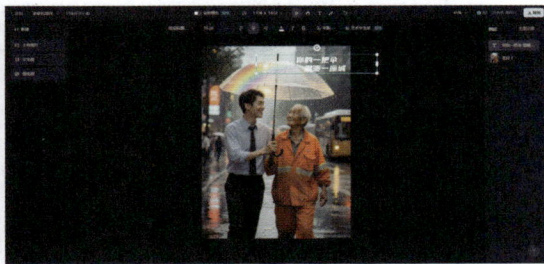

图 8-5

步骤 07 右击，在弹出的快捷菜单中选择"复制"选项，更改复制文字的颜色为黑色，在"图层"面板中，调整图层顺序后调整文字的显示位置，效果如图8-6所示。

步骤 08 右击，在弹出的快捷菜单中选择"复制"选项，更改复制文字的颜色为橙色，在"图层"面板中，调整图层顺序后调整文字的显示位置，效果如图8-7所示。

图 8-6

图 8-7

步骤 09 单击"添加文字"按钮 T，输入"#雨天温暖随手拍"后设置字体参数，效果如图8-8所示。

步骤 10 单击右上角的"导出"按钮，在弹出的提示框中设置参数后单击"下载"按钮，如图8-9所示。

图 8-8

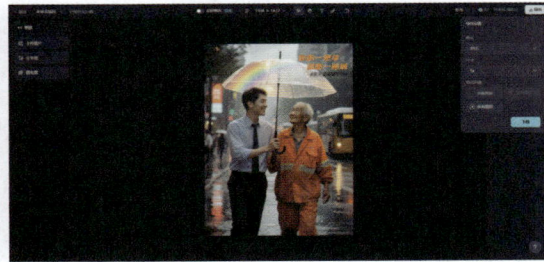

图 8-9

步骤 11 下载后以压缩文件的格式保存至目标路径，解压后的效果如图8-10所示。

图 8-10

8.3 包装设计——非遗手工制品包装设计

非遗手工制品包装设计通过视觉创意与工艺结合的形式，将传统文化以精致、独特且富有收藏价值的包装呈现出来。旨在提升非遗产品的市场价值，传播传统工艺之美，同时满足现代消费者的审美需求。其内容可涵盖刺绣、陶瓷、木雕、剪纸等各类非遗技艺，通过文化符号提取、材质创新和结构设计，让包装本身成为非遗故事的载体。该类型的提示词描述可以包含以下要素。

- **核心元素**：明确非遗技艺特征，如刺绣纹样、青花瓷图案、木雕纹理等。
- **包装形式**：盒型结构（天地盖、书型盒等）、材质（特种纸、木质、布料等）。
- **艺术风格**：传统国风、现代简约、民族特色或跨界混搭。
- **色彩倾向**：传统色（朱砂红、靛蓝、墨黑）；自然色（原木色、陶土色）；现代色（低饱和度莫兰迪色）。
- **功能需求**：保护性、便携性、可展示性或可持续性（如可降解材质）。

步骤 01 打开即梦AI，在"图片生成"界面单击"DeepSeek-R1"选项按钮，输入提示词："剪纸艺术套装，透明亚克力封面+瓦楞内盒，正红色剪纸+黑色衬底，对比强烈"。设置图片比例为3：2，单击"发送"按钮⊙，经过深度思考后生成以下4种推荐提示词。

> 正红色传统剪纸艺术套装置于黑色衬底亚克力包装盒内，透明封面展示立体剪纸造型，盒体侧面展示瓦楞结构分层，产品静物摄影，高反差明暗对比，极简主义构图，新中式美学风格，商业级3D渲染，电商主图质感。
>
> 剪纸艺术套装结构分解图，透明亚克力封套与瓦楞纸内盒分离展示，正红色祥云纹样剪纸悬浮在黑色背景中，工业设计蓝效果图，硬边阴影处理，CMYK色彩模式，产品包装设计图，材质特写镜头。
>
> 打开状态的剪纸套装礼盒，亚克力透明盖反射环境光，内盒瓦楞肌理与红色剪纸形成几何对比，背景加入金色书法"非遗传承"字样，暗调摄影，伦勃朗布光，中国风现代设计，高级礼品包装视觉。
>
> 剪纸工具套装平铺展示，正红色剪纸作品与黑色亚克力包装形成撞色，侧光凸显材料透明度与瓦楞纹理，鸟瞰视角，蒙德里安式构图，新国潮设计风格，Pantone色卡级色彩还原，产品说明书式精确排版。

步骤 02 选择第三种推荐提示词，单击"立即生成"按钮。系统将根据描述自动生成创意图像，生成的图像效果如图8-11所示。

图 8-11

步骤 03 单击任意一张生成的图像，即可查看详细效果，如图8-12所示。

图 8-12

8.4 标志设计——公益环保组织标志设计

公益环保组织标志设计通过简洁、有力的视觉符号，将环保理念以高度识别性和象征性的形式呈现出来。旨在快速传递组织的核心使命，增强公众对环保行动的认同感和参与度。其设计需体现可持续性、生态平衡、人与自然和谐等理念，通过图形创意、色彩心理学和字体设计，打造具有持久影响力的品牌标志。

标志设计的提示词描述可以包含以下要素。

- **核心图形：** 明确象征元素，如地球、树木、水滴、动物、循环箭头等。
- **设计风格：** 扁平化、线条极简、负空间艺术、手绘质感等。
- **色彩方案：** 自然色系（如绿色、蓝色）、对比色（强调冲突与解决），或单色（增强普适性）。
- **字体搭配：** 无衬线体（现代感）、手写体（亲和力）或定制字体（独特性）。
- **情感/理念：** 希望、行动号召、危机警示或生态平衡。

步骤01 打开即梦AI，在"图片生成"界面单击"DeepSeek-R1"选项按钮，输入提示词："**圆形的地球轮廓，负空间形成了一个双手环抱地球的形状，线条简洁，绿色、蓝色自然色系，无衬线体'掌心地球公益协会'，徽章形式**"。向下拖动，设置图片比例为1∶1，单击"发送"按钮 ，经过深度思考后生成以下4种推荐提示词。

圆形地球轮廓中负空间形成环抱的双手造型，浅蓝与淡绿渐变色系，扁平化徽章设计，极简几何线条，"掌心地球公益协会"无衬线字体环绕底部，自然环保主题，柔和投影效果，抽象公益组织标志。

地球球体中心呈现负空间双手托举形态，矿物蓝与森林绿双色调搭配，徽章式圆形外框，矢量插画风格，底部居中型无衬线标语"掌心地球公益协会"，生态保护主题，半透明磨砂质感，正投影构图。

圆形徽章内地球轮廓与抽象化双臂负空间结合，青金石蓝与橄榄绿自然配色，简约线条插画，组织名称"掌心地球公益协会"环绕顶部弧线，公益机构标志设计，平面矢量风格，同心圆嵌套结构，哑光金属边框。

地球仪造型中嵌套环抱状负空间手形，水蓝色与叶脉绿交织渐变，极简主义徽章设计，无压痕平滑表面，底部横向排列"掌心地球公益协会"无衬线字体，生态循环主题，双色平面构成，0.5pt精致描边处理。

步骤 02 选择第4种推荐提示词，单击"修改"按钮后，在文本框中选择第三个推荐提示词，单击"立即生成"按钮。系统将根据描述自动生成创意图像，生成的图像效果如图8-13所示。

步骤 03 单击任意一张生成的图像，即可查看详细效果，如图8-14所示。

图 8-13

图 8-14

步骤 04 下载该图并在Photoshop中打开，显示网格后，使用"椭圆形工具"绘制和白色内圆等大的正圆，效果如图8-15所示。

步骤 05 在"图层"面板中选中"背景"图层，按住Ctrl键的同时单击"椭圆1"的缩览图，如图8-16所示。

步骤 06 载入选区的效果如图8-17所示。按Ctrl+J组合键复制选区，移动至顶层，效果如图8-18所示。

图 8-15

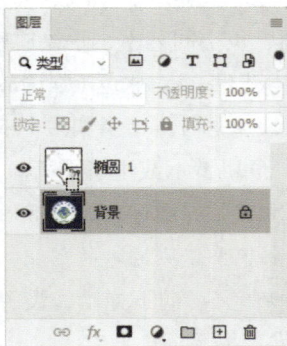

图 8-16

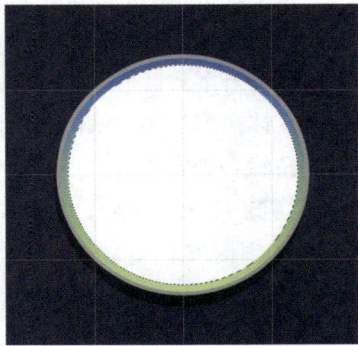

图 8-17

步骤 07 使用"橡皮擦工具"涂抹擦除底部文字和圆弧，效果如图8-19所示。

步骤 08 使用"套索工具"沿主Logo边缘绘制选区，按Ctrl+X组合键剪切，按Ctrl+V组合键粘贴，按Ctrl+T组合键等比例放大，效果如图8-20所示。

图 8-18

图 8- 19

图 8-20

步骤 09 选择文字部分，按Ctrl+T组合键等比例缩小，移动该图层至顶层，效果如图8-21所示。

步骤 10 选择全部图层，按Ctrl+E组合键合并图层，选择"椭圆选框工具"，按Shift+Alt组合键沿中心等比例绘制正圆选区，按Ctrl+J组合键复制该选区，隐藏背景图层后隐藏网格参考线，最终效果如图8-22所示。

图 8-21　　　　　　　　图 8-22

8.5 游戏设计——非遗传承主题游戏场景构建

非遗传承主题游戏场景构建是通过虚拟交互环境，将非物质文化遗产以沉浸式、趣味化的形式呈现出来。旨在让玩家在游戏体验中了解传统工艺、民俗文化等非遗内容，激发文化认同感和传承意识。其设计需融合历史真实性、艺术表现力和游戏互动性，通过环境叙事、角色任务和视觉符号，打造具有教育意义的数字文化空间。该类型的提示词描述可以包含以下要素。

- **核心元素**：明确非遗主题，如传统建筑、手工艺品、民俗活动等。
- **场景设定**：历史场景（古村落、作坊）或现代融合场景（非遗展示馆）。
- **艺术风格**：国风手绘、低多边形、水墨渲染或写实3D。
- **色彩倾向**：传统色系（如青绿山水色）、地域特色色系（如苗族银饰的冷银色），或对比色（传统与现代碰撞）。
- **交互设计**：解谜、模拟制作或剧情对话等玩法机制。
- **情感/理念**：文化自豪感、传承使命感或古今对话。

步骤 01 打开DeepSeek，进入操作界面，输入提示词："生成关于非遗传承主题游戏场景的设计方案，场景可以为古村落、国风手绘、解密题材，色彩使用具有地域特色的色系"。

内容生成如下。

DeepSeek

1. 核心场景概念

主题：通过国风手绘美学再现中国古村落，将非遗技艺转化为可交互解谜元素。

场景定位：

- **艺术风格**：新国风手绘（融合工笔重彩与数码绘画）。
- **时间设定**：四季轮转的江南古村。
- **核心玩法**：文物修复/技艺复原型解谜。

2. 场景模块设计

（1）主场景：枕水古村

建筑特色：

- 流水廊桥（可通行）。
- 错落吊脚楼（分层探索）。
- 扇形戏台（关键剧情点）。

动态元素：

- 随时间变化的灯笼明暗。
- 季节更替的植被色彩。

（2）核心交互场景

场景名称	对应非遗	色彩特征	关键交互点
染韵坊	蓝印花布	靛青主色（#2A5CAA）	染料配比谜题
天工阁	木拱桥营造	檀木棕（#6B3E26）	榫卯拼装游戏
丝语园	缂丝技艺	桑叶绿（#6B8E23）	经纬线穿梭

（3）特殊场景：记忆回廊

- **表现方式：** 手绘卷轴渐次展开。
- **功能：** 解锁的非遗知识可视化陈列。
- **交互：** 点击图案触发制作演示动画。

3. 色彩系统设计

（1）地域色谱应用

- **水系：** 漓江青（#5C9BAA）。
- **建筑：** 徽州白（#F0EEE9）。
- **装饰：** 朱砂门（#9C2A2A）。

（2）动态色彩逻辑

解谜进度影响：

- 每完成30%区域色彩饱和度+15%。
- 全部解锁后激活金色描边效果。

昼夜循环：

- **辰时（05:00）：** 青灰色调。
- **午时（12:00）：** 明快色调。
- **酉时（18:00）：** 暖金色调。

4. 解谜玩法设计

（1）三维重构谜题

- **对象：** 破损的瓷器/古建构件。
- **机制：** 通过色块匹配（需符合传统釉色色谱）。
- 时序挑战。

（2）蓝染工艺模拟

- 布料浸泡（白色→浅蓝）。
- 氧化反应（蓝→深蓝）。
- 最终显色（靛青色）。

（3）空间解谜

利用建筑结构：

- 花窗投影谜题。
- 屋檐排水路径规划。

5. 美术实现方案

（1）手绘规范

- **线稿**：吴带当风笔法（0.3mm勾线）。
- **上色**：分层渲染（基底色+质感层+光效层）。
- **特效**：动态水墨粒子。

（2）材质系统

传统材质：

- **丝绸**：动态流光材质。
- **陶器**：开片效果材质。

交互材质：

- **可触发区域**：描边发光（宽度2px）。

（3）性能优化

- 采用Atlas纹理打包。
- 远景使用水墨笔触Impostor。

6. 文化细节设计

（1）非遗知识植入

- **木构件**：严格遵循《营造法式》比例。
- **染织图案**：还原地方志记载纹样。

（2）视觉提示词库

"暮春时节的江南古村，细雨朦胧中的吊脚楼，青石板路上倒映着红灯笼的光晕，染坊门前的蓝印花布随风轻扬，新国风手绘风格，细节处可见工笔皴法，--ar 16:9 --style 5b"。

7. 技术亮点

（1）动态着色系统

- 基于HSL的色彩演变算法。
- 区域着色偏差检测（防止文化用色错误）。

（2）AR扩展功能

- 手机扫描现实织物触发虚拟织机。
- 手势识别还原传统纺织动作。

本方案通过手绘美术风格与严谨的非遗考据相结合，构建出兼具审美价值与教育功能的游戏场景。所有色彩参数均来自故宫文物色谱分析，场景布局参考《江南园林志》记载，确保文化表达的准确性。

步骤 02 继续输入提示词："*根据上述内容，总结在即梦AI生成的图像提示词*"。
生成内容如下。

DeepSeek

即梦AI非遗主题游戏场景图像提示词（国风手绘/解密题材）。

1. 主场景：水墨江南古村落

提示词：新国风手绘风格，8K超清，江南水乡古村落，白墙黛瓦建筑群，蜿蜒的青石板路，小桥流水，河面倒映灯笼暖光，远处薄雾缭绕的山峦，柳枝低垂，动态天气系统（可选择晨雾青灰或黄昏暖金），色彩主调：徽州白（#F0EEE9）+漓江青（#5C9BAA）+朱砂红（#9C2A2A），细节处可见工笔皴法，--ar 16:9 --style 5b。

2. 染坊场景（蓝印花布解密）

提示词：国风手绘场景，传统蓝印花布染坊，靛青色（#2A5CAA）染缸蒸汽缭绕，悬挂晾晒的布匹随风飘动，木制染架细节精致，玩家可交互区域高亮（描边发光2px），动态UI显示染料配比谜题，背景虚化的古村建筑，--v 6 --细节 8K。

3. 天工阁（木拱桥榫卯拼装）

提示词：低多边形+手绘质感，古代木工坊，檀木棕（#6B3E26）榫卯构件悬浮空中，玩家需拼装成拱桥结构，地面散落刨花和传统木工工具，阳光透过花窗投射光束，UI提示"按古法结构拼接"，--q 2 --style raw。

4. 丝语园（缂丝技艺交互）

提示词：手绘卷轴风格，桑叶绿（#6B8E23）丝线穿梭的缂丝织机，经纬线交织成凤凰纹样，玩家手势操作触发流光粒子特效，背景展示已完成的作品（山水缂丝画），传统工笔花鸟元素点缀，--ar 3:4 --style 4b。

5. 记忆回廊（非遗知识陈列）

提示词：动态水墨长卷，渐次展开的非遗记忆场景，包含瓷器修复、古琴制作等插画，点击区域触发金色描边动画，背景虚化的古籍文字浮动，主色调宣纸黄（#E3D4B5）+墨黑，--细节 8K --style 5b。

关键参数说明：

（1）风格控制
- --style 5b（新国风手绘增强）。
- --v 6（高细节渲染）。

（2）色彩校准
直接使用十六进制色值确保准确性。

（3）交互提示
添加"可交互区域高亮"等游戏化描述。

通过以上提示词，可在即梦AI生成兼具文化精度与艺术表现力的场景概念图，适配游戏前期视觉开发。

步骤 03 登录即梦AI，进入操作界面。单击"图片生成"按钮，进入"图片生成"界面，输入提示词："主场景：水墨江南古村落"，设置图片比例为16：9，单击"立即生成"按钮。系统将根据描述自动生成创意图片，生成的图片效果如图8-23所示。

图 8-23

步骤 04 单击生成的任意一张图像，即可查看详细效果，如图8-24所示。

图 8-24

步骤 05 输入提示词："染坊场景（蓝印花布解密）"，单击"立即生成"按钮。系统将根据描述自动生成创意图片，生成的图片效果如图8-25所示。

图 8-25

步骤 06 单击生成的任意一张图像，即可查看详细效果，如图8-26所示。

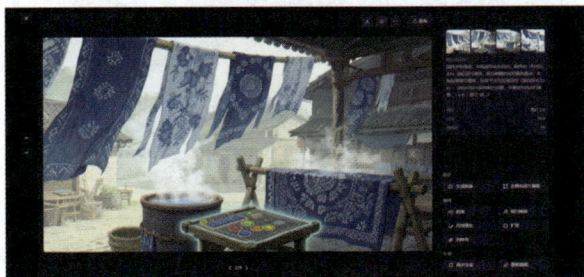

图 8-26

步骤 07 输入提示词："天工阁（木拱桥榫卯拼装）"，单击"立即生成"按钮。系统将根据描述自动生成创意图片，生成的图片效果如图8-27所示。

图 8-27

步骤 08 单击生成的任意一张图像，即可查看详细效果，如图8-28所示。

步骤 09 在右下角单击"擦除笔"按钮，在弹出的对话框中使用"画笔工具"涂抹要擦除的部分，如图8-29所示。

图 8-28

图 8-29

步骤 10 单击"立即生成"按钮，效果如图8-30所示。

图 8-30

步骤 11 输入提示词："丝语园（缂丝技艺交互）"，单击"立即生成"按钮。系统将根据描述自动生成创意图片，生成的图片效果如图8-31所示。

图 8-31

步骤 12 单击生成的任意一张图像，即可查看详细效果，如图8-32所示。

图 8-32

步骤 13 输入提示词："动态水墨长卷，渐次展开的非遗记忆场景，包含染坊场景、木工、缂丝技艺等，点击区域触发金色描边动画，背景虚化的古籍文字浮动，主色调宣纸黄（#E3D4B5）+墨黑，--细节 8K --style 5b"，单击"立即生成"按钮，系统将根据描述自动生成创意图片，生成的图片效果如图8-33所示。

图 8-33

步骤14 单击生成的任意一张图像，即可查看详细效果，如图8-34所示。

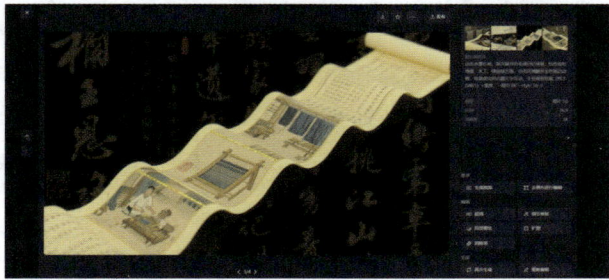

图 8-34

8.6 图像修复——去除图像上的水印

水印的去除是一项常见但颇具挑战性的任务。无论是个人用户希望清理照片中的日期戳、干扰文字，还是专业设计师需要优化广告素材中的品牌标识，高效且自然地去除水印都能显著提升图像的可用性和美观度。传统的水印去除方法往往依赖手动修复，不仅耗时耗力，还容易留下修补痕迹。如今，随着AI技术的快速发展，智能图像修复工具能够通过深度学习算法精准识别水印区域，并智能填充背景内容，实现高效、自然的修复效果。

步骤01 进入佐糖工作界面，单击"AI图片编辑"按钮，显示如图8-35所示的界面。

图 8-35

步骤02 单击"AI图像去水印"按钮，上传素材图像，进入如图8-36所示的界面。

图 8-36

步骤03 单击"开始处理"按钮后系统自动去除文字水印，效果如图8-37所示。

图 8-37

8.7 人像处理——证件照背景多色替换

证件照作为个人身份的重要视觉凭证，其规范性和专业性要求越来越高。无论是求职简历、考试报名还是签证申请，不同场合往往对证件照背景色有着严格的规定。智能证件照背景替换技术通过深度学习算法，能够精准识别人物轮廓，实现一键式智能抠图和多色背景替换，彻底改变了传统证件照的处理方式。

步骤 01 进入佐糖工作界面，单击"证件照"按钮后上传素材图像，系统自动进行图像裁剪，效果如图8-38所示。

图 8-38

步骤 02 更改背景颜色，效果如图8-39所示。

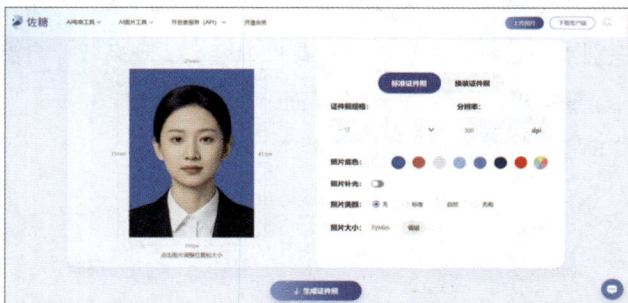
图 8-39

步骤 03 单击"生成证件照"按钮，系统自动生成排版效果，如图8-40所示。确认无误后便可进行下载，用5英寸相纸打印即可。

图 8-40

8.8 电商设计——电商产品直通车制作

在当今竞争激烈的电商环境中，直通车主图作为广告投放的核心视觉载体，直接影响消费者的点击意愿和购买决策。如今，移动互联网与人工智能催生智能化设计工具，其有丰富模板和智能功能，用户通过上传图片、选模板、调元素等简单操作，就能轻松制作符合平台要求的优质直通车主图。

步骤 01 进入美图秀秀工作界面，如图8-41所示。

步骤 02 单击"电商图模版"按钮，在新界面中设置模板筛选选项，如图8-42所示。

步骤 03 将第二排第二个模板打开，在左侧更换模板，效果如图8-43所示。

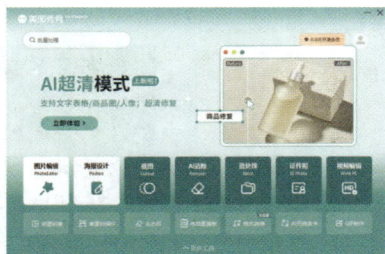

图 8-41

图8-42

图8-43

步骤 04 选择图片，在右侧单击图片底部的"替换"按钮，上传素材图片，效果如图8-44所示。

步骤 05 更改模板中的文字内容，效果如图8-45所示。

图 8-44

图 8-45

8.9 智能滤镜——人物氛围特效

在社交媒体与电商内容爆炸式增长的时代，人物摄影的视觉表现力直接决定了用户的停留时长与互动意愿。无论是直播封面设计、商品模特展示，还是个人IP形象塑造，具有氛围感的视觉呈现都能瞬间吸引用户目光，有效提升用户黏性。AI驱动的人物氛围特效滤镜应运而生，极大地降低了高品质视觉效果的制作难度。

步骤 01 进入美图秀秀工作界面，打开素材图像，如图8-46所示。

步骤 02 在"滤镜调色"中的"滤镜"选项中选择Chiffon滤镜，"强度"为70，如图8-47所示。

步骤 03 切换至"调色"选项，在"基础调色"选项中设置光效参数，如图8-48所示。

步骤 04 切换至"色彩"选项后设置参数，效果如图8-49所示。

图 8-46

图 8-47

图 8-48

图 8-49

8.10 视频制作——公益宣传短片生成

在内容传播全面视频化的时代，公益宣传短片的感染力直接决定了公众的参与意愿与传播效果。无论是环保倡导、弱势群体关怀，还是社会正能量传递，具有情感共鸣的视频内容都能突破信息茧房，激发大众的共情能力。通过智能创作解决方案，让每一条公益呼吁都能获得最动人的表达形式，使正能量传播真正实现"低门槛、高共鸣、广覆盖"的社会影响力。

步骤01 打开DeepSeek，进入操作界面，输入提示词："5秒的公益短片可以制作什么，策划方案"。

内容生成如下。

DeepSeek

核心场景概念：

5秒公益短片策划方案。

1. 主题方向（Select）

（1）环保倡导

短片示例：《塑料的旅程》

● **内容：** 通过AI生成海洋生物误食塑料的动画，对比清洁海滩行动后的改变。

● **目标：** 呼吁减少一次性塑料的使用。

● **适用平台：** 抖音、B站（适合年轻群体）。

（2）助老关怀

短片示例：《记忆的温度》。

- **内容**：AI模拟阿尔茨海默病老人的视角，展示志愿者陪伴的温暖片段。
- **目标**：鼓励社区助老服务参与。
- **适用平台**：微信视频号（中老年用户为主）。

（3）儿童保护

短片示例：《书包里的光》。

- **内容**：用AI生成偏远山区儿童上学场景，对比捐赠助学后的变化。
- **目标**：号召教育物资捐赠。
- **适用平台**：微博、快手（高传播性）。

2. 智能脚本（Script）

（1）故事型（情感共鸣）

结构：问题→行动→改变。

- **例如**，"河流污染→志愿者清理→鱼类回归"。
- **AI工具**：ChatGPT生成剧本，突出冲突与解决。

（2）数据型（理性说服）

结构：现状→数据→呼吁。

- **例如**，"全球每年浪费食物13亿吨→相当于×个足球场→光盘行动"。
- **AI工具**：Flourish制作动态数据图表。

（3）口号型（快速传播）

结构：重复核心口号+画面强化。

- **例如**，"每捐1本书，点亮1个梦想"+儿童笑脸特写。
- **AI工具**：Canva生成字幕模板。

3. 视觉生成（Shoot）

（1）实拍+AI增强

适用场景：真实案例记录（如志愿者活动）。

工具：

- **Runway**：自动修复模糊画面。
- **DALL·E 3**：生成补充场景（如被污染的河流修复后）。

（2）全AI生成

适用场景：抽象概念（如"碳中和"未来地球）。

工具：

- **Pika**：生成动画片段。
- **Midjourney**：设计公益海报风格画面。

（3）混合风格

- **例如**，实拍人物+AI生成背景（如老人独居房间→AI添加温馨装饰）。

4. 智能合成（Synthesize）

（1）自动剪辑

- **工具**：剪映/CapCut，AI匹配节奏与音乐。
- **技巧**：高潮部分加速剪辑，结尾放慢+呼吁行动。

（2）多平台适配

- **抖音**：前3秒强冲击画面（如污染镜头）。
- **微信**：突出温情旁白+字幕。
- **海外**：生成多语言版本（用HeyGen自动配音）。

（3）互动元素

- **添加**：弹幕引导（"你的选择能改变什么？"）
- **工具**：互动视频平台（如Playable）。

5. 效果追踪（Spread）

（1）精准投放

人群定向：

- 环保话题→18～35岁城市青年。
- 助老话题→40岁以上家庭用户。

工具：巨量千川、Meta Ads。

（2）传播分析

监测指标：

- 完播率（>50%为优）。
- 转化率（如捐款链接点击）。

工具：Google Analytics、热力分析。

（3）迭代优化

- **A/B测试**：不同结尾（情感与数据）效果对比。
- **AI建议**：ChatGPT分析评论关键词，优化下期内容。

案例展示

项目名称：《无声的求救》。

主题：野生动物保护。

6. 5S流程

- **Select**：结合国际生物多样性日。
- **Script**：AI生成"被塑料缠绕的海龟"故事。
- **Shoot**：Midjourney设计海洋污染插画。
- **Synthesize**：剪映添加纪录片风格旁白。
- **Spread**：TikTok挑战#拯救海龟行动。

（1）效果

- **播放量**：500万+。
- **转化率**：12%点击公益链接。

（2）优势总结

- **效率**：单条短片制作时间≤2小时。
- **成本**：预算可控制在500元以内。
- **传播**：支持一键生成10+平台适配版本。

（3）伦理注意

- 标注AI生成内容（如"技术辅助制作"）。
- 避免过度煽情，确保信息真实。

通过5秒标准化流程，公益组织可快速量产高质量短片，最大化社会影响力！

步骤 02 打开可灵AI，在"视频生成"界面单击"文生视频"按钮，单击DeepSeek选项按钮，输入提示词："偏远山区儿童上学场景，对比捐赠助学后的变化"，单击"发送"按钮🔼，系统自动深度思考。

好的，用户需要生成一个关于偏远山区儿童上学场景以及捐赠助学后变化的对比视频。首先，我需要确定用户提到的关键元素：偏远山区、儿童上学、捐赠助学后的变化。接下来按照提示词生成规则，分为六个必要成分：主体、主体描述、主体动作、场景、场景描述、其他细节补充。

首先，主体是山区儿童和捐赠后的学校变化。主体描述方面，山区儿童可能衣着破旧，捐赠后可能穿着整洁校服。主体动作方面，上学路途艰难和捐赠后在明亮教室学习。场景是山区自然环境和改造后的教室。场景描述可能包括崎岖山路、破旧教室与修缮后的教室环境。其他细节补充需要考虑运镜、景别、光影、画面氛围等。

根据联想原则，需要保留用户提到的对比变化以及氛围。用户没有提到运镜，但因为要展示对比，可能需要两个镜头。用户要求对比变化，所以可能需要两个prompt。检查是否用户明确说明需要多个镜头，用户输入中提到"对比捐赠助学后的变化"，可能隐含两个场景，因此生成两个镜头。

接下来考虑禁止项：没有复杂动作或特效，用户提到的元素都要保留。词汇调用方面，第一个镜头可以用远景展示山路，自然光；第二个镜头用近景，灯光柔和，突出变化。确保不添加禁止内容，如快速运动或特效。

然后组合各部分：镜头1描述上学艰难，镜头2展示改善后的学习环境。检查是否符合字数要求，每个镜头（40±10）字，使用通顺中文，避免符号。最后输出两个镜头，用分割线分开，确保格式正确。

步骤 03 根据深度思考，生成以下提示词。

镜头1：一群孩子穿着破旧衣服，背着书包，沿着崎岖山路缓慢行走，远处是云雾缭绕的青山，枯枝横斜的土路布满碎石，远景镜头展示山区环境的险峻，自然光照出孩子们坚毅的表情。

镜头2：明亮的教室内整齐摆放着新桌椅，孩子们穿着整洁校服专注写字，阳光透过崭新的玻璃窗洒在课本上，近景镜头呈现黑板上的彩色板书，柔和光线下充满希望的学习氛围。

步骤 **04** 单击"使用提示词"按钮后，自动将内容填充至输入框内，如图8-50所示。

步骤 **05** 设置视频比例为9∶16，如图8-51所示。

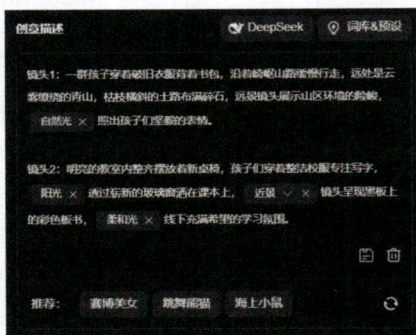

图 8-50

图 8-51

步骤 **06** 单击"立即生成"按钮，效果如图8-52、图8-53所示。

图 8-52

图 8-53